世界に嗤われる日本の原発戦略

高嶋哲夫
Takashima Tetsuo

PHP新書

〈はじめに〉

テレビ、新聞で「原発報道」に接するたびに違和感を覚えていました。どこか違う。何か間違った議論をしているのではないか。深い専門知識を持っている人たちも、感情に任せて叫んでいる人も、大事なことを抜かしているという思いです。

そこで、思い切ってまとめてみました。

(1)福島第一原子力発電所と、その他の原発を同様に扱うことは間違っています。太平洋岸のその他の原発も地震にあい、津波に襲われたにもかかわらず冷温停止しました。また、製造年代も型式も立地条件も違います。

(2)日本で原発がなくなっても、中国、インド、ベトナムなどを中心にした新興国では、今後十年で数十基の原発が造られ、さらに計画されています。日本では人口減少が叫ばれていますが、世界では増え続けています。世界の人が日本並みの生活を望めば、数倍の電気を必要とします。
(3)たとえ原発がなくなっても、使用済み核燃料は残ります。現在、世界で進められている、高レベル放射性廃棄物処理の方法は間違っています。考え方を変えるべきです。そうすれば納得いく解決法が見つかるかもしれません。「地層処分」は非現実的です。
(4)福島第一原子力発電所の廃炉については、もっともっと現実を見据えて対処すべきです。国も国民も覚悟がいると思います。そして、世界に対する責任と義務が。福島を原発情報の発信地に。

二〇一一年三月十一日。
この日を境に、日本では原子力発電を見る目が百八十度変わりました。
五十四基動いていた原発が現在は一基も動いていません（二〇一五年三月末時点）。
日本の総発電量の三割以上を占めていた原子力がゼロになったのです。
日本では多くの人たちが原発ゼロを叫び、再稼働までは遠い道のりとなっています。
あの日まで大きな問題なく動いていた原発が定期点検に入るたびに次々と止まり、その後、動いてはいないのです。

「日本は原発なしでも十分やっていける」「これ以上の電力料金の値上げは困る」「高い電力料金では海外との競争に負ける」「事故の処理も終わっていないのに」「再稼働は必要なし」。

様々な声が聞こえてきます。

楽観的にあるいは悲観的に考えすぎることなく、もっと現実的に真摯《しんし》に向き合うべきでしょう。そして、あのような事故が二度と起こらないように世界に働きかけていくことこそ、日本の使命です。

皆さんも一緒に考えていただければ幸いです。

目次

世界に嗤われる日本の原発戦略

第2章 世界は原発に向かう

第3章 どうする、核廃棄物

第4章 福島の未来と三つの提言

第1章

大きな勘違い

(1)「福島の悲劇」の真相

❶なぜ福島第一だけがメルトダウンしたのか

福島第一原子力発電所の事故後、いくつかのテレビ番組で話す機会を得ました。当時は日本中の人が興奮して冷静な議論ができていなかったようです。それに、まだ情報も十分ではありませんでした。

日本の大半の人の意見は、福島第一原発で三基の原子炉が爆発した。だから原発は危険だというものでした。

たしかに、絶対に安全だと言われていた原発が事故を起こしました。しかし、それは二つの点で正確ではありません。

一つは太平洋岸に沿っては、青森県から南へ東通《ひがしどおり》、女川《おながわ》、福島第一、福島第二、東海第二と五つの原発が並んでいます。しかし、不幸にも爆発を起こしたのは福島第一原子力発電所だけなのです。

女川原発は冷温停止後、家を流された近隣の人たちの避難所にもなっているのです。福島第一原発から南に十一キロ離れた楢葉町《ならはまち》には、福島第二原発があります。第二原発は、同程度の揺れ、津波にあいながらもなんとか、「冷温停止」に至りました。

原発は地震などの異常事態が起こると、「止める」「冷やす」「閉じ込める」の三段階によって安全性が保たれます。

地震を受けた五カ所の原発はすべて、この第一段階、「止める」という第一ステップは成功しました。

しかし、問題は次の「冷やす」ことでした。

最初の地震の揺れはなんとか乗り越えることができましたが、次にこれらの原発を想定外の大津波が襲ったのです。

この津波によって、周辺機器である外部電源、予備電源などが大きなダメージを受けました。

特に福島第一原発は十四メートル、第二は七メートルの津波を受けて、電気が送られてくる送電線が壊れました。

第一原発は四系統の外部電源すべてがダウンしてしまいました。つまり、「全電源喪《そう》失《しつ》」という事態に陥ったのです。

通常ならばこの状態でも非常用電源が入り、炉心を冷やす冷却ポンプは動き続けることになっています。ところが、この予備電源のあった場所が海側で、津波をまともに受けて水浸しになって動きませんでした。

そのため、冷却水を供給できなくなった炉心の温度が上がり、高温になった燃料棒から発生した水素が原子炉建屋《たてや》内に溢《あふ》れ、圧力を上げて水素爆発を起こしました。

格納容器の内側にある圧力容器の圧力を下げるために、圧力容器内の気体を外部に排出させるベントという作業が必要なのですが、それが遅れてしまったのです。

ベントが最終手段なのは、放射性物質も一緒に大気中に出てしまうからです。

さらに、日本の原発ではこうしたベントが必要な事故は起こらないと考えていたので、放射性物質を取り除くフィルターの取り付けがなかったなどの不備が重なったことも、事故を大きくした要因となりました。

東京電力の福島第一原子力発電所は福島県双葉郡に立地しています。東京電力が電力を供給する北限は茨城県の大津港ですから、福島第一はそれより約八十キロほど北方に位置する「管外発電所」となります。

そもそも商業用原発の歴史は、一九五三年に米アイゼンハワー大統領が「原子力の平和利用」を演説したことに始まります。

原発の運転には燃料となる濃縮ウランを調達しなければなりません。そのためアメリカ政府は、この濃縮ウランを各国に提供するという声明を発表したのです。アメリカの原子炉メーカーであるゼネラル・エレクトリック（GE）とウェスティングハウス（WH）が世界に向けて積極的に売り込みを開始しました。

「アメリカは国をあげて軽水炉技術の諸外国への売り込みに熱心であった。三九年（一九六四年）八月にジュネーブで開催された第三回原子力平和利用会議で〝原子力発電はいまや実用性になんらの心配がなく、アメリカの軽水炉技術の信頼性はすこぶる高い〟

——アメリカのシーボーグ原子力委員長はこう強調した。これは軽水炉発電におけるアメリカの技術の信頼をあたかも同国政府が保証するというものだった。

これを機にアメリカの二大原子炉メーカーであるゼネラル・エレクトリック社とウェスティングハウス社の日本への売り込みは一段と積極的となった。

ともあれこうした情勢のなかで、わが国電力会社も軽水炉の導入、設置へと動きはじめる」（『電力技術物語——電気事業事始め』志村嘉門著／日本電気協会新聞部）

日本では一九五七年に日本原電（日本原子力発電㈱）が発足し、商業用の原子炉を導入する動きがスタートしました。まずはイギリスのＧＣＲ（炭酸ガス冷却黒鉛減速炉）を輸入し、茨城県の東海村に建設することを決定、一九六五年に初発電に成功します。

しかしその建設を進めている最中、各電力会社はＧＣＲに比べてコンパクトで建設コストが安く、以降の改良も期待できるという理由から、アメリカで開発された軽水炉、ＰＷＲ（加圧水型炉）とＢＷＲ（沸騰水型炉）の建設計画を進めるようになります。

ＰＷＲは核分裂による熱エネルギーで加圧水を三百度以上に沸騰させて蒸気発生器に

通し、そこで発生する二次冷却水の蒸気でタービンを回して発電する方式です。

ＢＷＲも、同じように核分裂の熱エネルギーで軽水、つまり水を沸騰させるのですが、その蒸気を直接タービンに送る方式です。

その違いは何かというと、発電するタービンを動かす蒸気に放射性物質が入っているのがＢＷＲ、入っていないのがＰＷＲと考えればよいでしょう。ＢＷＲは被曝リスクがあること、ＰＷＲは構造が複雑であることがそれぞれのデメリットであり、保守コストについてはどちらかが明確に有利とはいえず、一長一短があります。

その後、日本原電も電力会社と同じ理由で軽水炉へと路線を変更し、一九七〇年三月には福井県の敦賀《つるが》原発１号機、次いで十一月に関西電力の美浜《みはま》原発１号機が営業運転を開始しました。

そして三番目の軽水炉型の原発として、一九七一年に営業運転を開始したのが、福島第一原発１号機です。

ちなみに敦賀２号機、美浜はＰＷＲ、福島第一原発はＢＷＲ方式を採用しました。

その後は北海道電力、関西電力、四国電力、九州電力がＰＷＲを、それ以外の東北電力、東京電力、中部電力、北陸電力、中国電力はBWRを採用しています。

福島第一原発で採用されたのは米GE（ゼネラル・エレクトリック）社の「マークI」という原子炉で、1号機は設計、建設、試運転までをGEが一括受注するフルターンキーと呼ばれる契約で造られました。

つまりキーを回しさえすれば稼働する状態にして、発注者に引き渡すというものです。

当時の日本にはまだ原子炉の炉心を設計したり、関連機器を製作する技術がなかったためです。

また当時、福島に先行してスペインのサンタマリア・デ・ガローニャ原子力発電所でこのマークIが採用されていたため、同じものを造れば設計や製造のコストを圧縮できるという思惑があったといいます。

炉本体や発電機、タービンについてはGEが直接製造し、GEの指揮のもと、下請けとして原子炉周りの圧力容器や構造物、配管などを東芝、原子炉の格納容器やタービン周りの機器などを日立、建屋の土木建設工事を鹿島建設が担当することで、将来の国産化を目指すこととしました。

またこれらの建設費用は、アメリカ輸出入銀行からの借款《しゃっかん》で賄《まかな》うこととなりました。ところが実際にＧＥと契約を結んで建設を開始してみると、様々なトラブルが生じます。

まず福島第一原発はスペインの経験を取り入れるはずが、その建設が遅れてしまい、結局は福島第一原発が先行してしまったことです。そのため実際の建設で生じる様々なトラブルは、福島が最初に経験することになってしまいました。

またスペインと日本では耐震基準が異なり、日本では様々な耐震補強が必要となりました。ＧＥの設計したパッケージにはこれらの耐震仕様が正しく組み込まれておらず、その場しのぎで補強していったと言われています。特に格納容器は多くの補強材を入れたために空間が狭くなってしまい、運転開始後の作業に困難を生じるようになりました。

そして最も大きな問題は、もともとは三十五メートルの高さのある崖の台地に建設するはずだったものが、十メートルまで台地を掘り下げてしまったことです。

これには固い地盤に設置するという名目があったことは確かですが、そもそもはGEの設計に三十五メートルの高さまで海水をくみ上げるポンプ能力が入っていなかったことに原因があります。東日本大震災の津波で使用不能となる非常用電源も、地下に置くことがGEの仕様となっていました。

しかし当時の日本にはこれらの仕様を変更するだけの能力がなく、それに伴う環境も整っていなかったということなのでしょう。

このように福島第一原発は四十年以上前のアメリカ仕様の原発です。

書類上では耐用年数のすぎた原発です。当然、建設当時から関わった技術者や運転員は現場を離れて久しい上に、図面すらすべてがそろっていなかったと聞いています。

しかしその後つくられた国産の原発については、マニュアルもそろっているし、図面を描いた担当者も建設者もまだ生存しています。

車でいえば、四十年以上前の欠陥外車と、最新の技術で作られた国産車くらいの違いがあります。この二つが同じはずがありません。安全性を含めてすべてが違うといってもいいほどです。

福島第一原発の事故後、早々と止めてしまった浜岡原発の最も新しい原子炉が造られたのは二〇〇五年だし、再稼働で話題となった大飯《おおい》原発３号機、４号機ができたのは一九九〇年代です。福島の事故を教訓として、全電源喪失に対する備えも見直されています。

また、原子炉の型式の違いも考慮されなければなりません。福島第一原発は沸騰水型（ＢＷＲ）、大飯原発は加圧水型（ＰＷＲ）です。

立地についても、日本海側と太平洋側とでは大いに違います。

話がおかしくなっているのは、日本中の人が、原発＝福島第一原発と考えていることです。これは大きな間違いです。造られた年代も、型式も、立地条件も各々《おのおの》違っているのです。

さらに大切なのは、東日本大震災で地震と津波を受けた原発の中で、なぜ福島第一原発だけがあのような事態になったかを検証することです。特に福島第二原発との比較は重要だと思いますが、十分な議論がなされていないような気がします。

❷原発事故は人災か、それとも災害か

福島第一原子力発電所の事故は人災か、という質問に対しては、大部分の人は「人災」だと答えます。

チェルノブイリ原発事故（一九八六年四月二十六日／旧・ソビエト連邦、ウクライナ共和国）は、無許可の試験運転を未熟な運転員が行なったために起きました。その上、使用されていた黒鉛炉はもともと事故が起こりやすい原発でした。

スリーマイル島原発事故（一九七九年三月二十八日／アメリカ合衆国ペンシルベニア州）の原因は運転員の圧力計の読み違いです。

東海村のＪＣＯ臨界事故（一九九九年九月三十日）も規則に反して、バケツでウランの硝酸溶液を運んでいたために起きました。

かつて起こったすべての大事故は明らかに人災です。

原発には、こうした人のミスによる事故が起きないように、二重三重の防御策が取られるようになりました。

やはり福島第一原発の事故も、「全電源喪失」さえ起きなければ防げた可能性が大きいのです。

事故の前年（二〇一〇年四月）の国会で「全電源喪失」の可能性が議論されたと聞いています。しかし、それは大きな声にはならなかったようです。こうした経緯はもっと議論されるべきだと思うのですが、あまり知られていないようです。

福島の事故が「人災」であるならば、誰かが責任を取らなければなりません。政府の誰かか、電力会社の誰かか、それとも政治家か。いずれにしても、トップかそれに近い人でしょう。

原子力発電所の認可は、経済産業省の中の推進組織である資源エネルギー庁と規制組織である原子力安全・保安院が行なっていました。しかし、進める側と規制する側が同じ省の中にあり、人事交流も頻繁《ひんぱん》に行われていたというのも、かなりおかしな話です。

さらに、問題があれば異議を唱え、安全サイドから評価するのが内閣府の原子力安全委員会でしたが、出身大学が同じだったりとやはり上部レベルではつながっていて、原子力ムラと揶揄《やゆ》されても仕方のないことでした。

人災であれば、それに関わった人たちの責任が問われます。

企業側からすれば、認可した政府サイドに責任があるということになるのでしょう。また、マスコミや一般の人には、東京電力の利益第一主義という企業風土による責任も見逃せないものです。

電力事業者の責任。そして許可を出した国の責任。それについて、もっと僕たちに分かるような形で論じてもらいたい。

現在のところ、想定外の大津波によって防御策がすべて破壊された結果による全電源喪失となっていますが、もう一度、原点に立ち返って考える必要があると思います。

いずれにしても、この事故が多くの人が認める「人災」であるなら、原発の問題は解決できるものでしょう。原発自体にはまだ復活の望みはある。もっと冷静に原発を考えるべきです。

「原発は人類が制御できない」とか、「扱ってはならない技術」というのは、あまりにも幼稚で早急な考えだと思います。

(2)何も信じられない

❶なぜ浜岡原発を止めてしまったのか

福島第一原発のメルトダウン事故以後、もう一つ重要な問題が起きました。それは、今回の事故とはまったく関係なく、問題なく動いていた「浜岡原発」を止めてしまったことです。愚かな行為と言わざるをえません。

静岡県御前崎《おまえざき》にある浜岡原発は、次に起こると言われている南海トラフ地震（東海・東南海・南海の巨大連動地震）に対して象徴的な原発です。

国民の目を福島から逸《そ》らせ、政府が原発事故に真摯《しんし》に取り組んでいる態度を見せるのには一番の方法だったのでしょう。

現在、浜岡原発には海抜二十二メートルの防潮堤が造られています。長さ一・六キロにわたる巨大なもので、三千億円超の費用がかかったと聞いています。

しかし、こうした防潮堤ですべてを解決することはできません。東日本大震災のように「想定外」の大津波が来たらどうするのでしょう。防潮堤を超える大津波であっても原子炉建屋自体が破壊されることはないと思いますが、福島第一原発の事故につながった電源喪失のリスクは高くなります。であれば、防潮堤にすべてを頼るのではなく、予備電源を一基、電源車を一台増やし、なるべく電源を確保するようにしたほうが効果的だと思います。

浜岡原子力発電所は、中部電力が所有する唯一の原子力発電所です。

静岡県御前崎市の東西一・五キロ、南北一キロにわたる敷地に立地し、五つの原子炉を持っています。ただし1号機、2号機は二〇〇九年に運転を終了しました。

残る3号機、4号機、5号機は、それぞれ一九八七年、一九九三年、二〇〇五年に営業運転を開始しており、比較的新しい原子炉です。

いずれも低濃縮二酸化ウランを燃料としたBWR型原子炉です。3号機が百十万kW、4号機が百十三・七kW、5号機が百三十八万kWの出力です。

ただし東日本大震災が起きたことで、二〇一一年五月には政府の要請によってすべての原子炉が停止しました。その際、5号機では海水が流入するトラブルが起きています。まとめると、次のようになります。

1号機：廃炉中（二〇三六年頃に完了予定）
2号機：廃炉中（二〇三六年頃に完了予定）
3号機：二〇一〇年より定期点検による停止を継続中
4号機：政府の要請により二〇一一年五月より停止中
5号機：政府の要請により二〇一一年五月より停止中
6号機：建設計画があったが、現在は未定

中部電力が原発について検討を始めたのは一九五七年、火力部内で調査研究をスタートしたことにさかのぼります。一九六三年に計画を発表、一九六九年に御前崎の漁協組合が建設に同意したことで、一九七〇年より建設のための、地質や気象、海象、地震観測といった本格的な調査を開始しました。

原子炉については福島第一原発のように、アメリカGE社への一括発注ではなく、東芝を主とした発注方式を採っています。

しかし二〇〇一年に1号機で配管破断、蒸気漏れによる水蒸気燃焼事故が発生しました。そのため二〇〇二年四月に運転を停止。その翌月、五月に2号機が冷却水漏れ事故を起こし、次いで二〇〇四年にタービン建屋の火災事故を発生させたことから、運転停止状態となりました。

またこの二つの原子炉は建設されたのが、どちらも政府による原発の耐震指針が決定する前でした。つまり耐震指針がまだ存在しない時期に設計、建設されたものです。

さらに浜岡原発の立地する静岡県御前崎市は東海地震の予想震源域にあり、その真下には活断層があるという説まで出ています。

どちらも廃炉中だというのは、今となっては自然な流れと言えるでしょう。

福島第一原発の事故以来、日本中の原発は安全のために様々な対応を取っています。

中部電力が東日本大震災の前後に取った対策は、次のようなものです。

〈震災前〉

①ピラミッド状の耐震構造

原子炉建屋を、「基礎面積を広く、厚く」「重心を低く」「厚い壁を規則正しく配置」することでピラミッドのような揺れに強い安定した構造にした。

②地面を掘り下げて岩盤に直接設置

地面を約二十メートル掘り下げ、建屋の基礎を固い岩盤に直接設置した。一般的に地震の揺れは、表層に比べて岩盤では半分以下になるとされる。南海トラフ地震も考慮し、岩盤上で最大約一千ガル（一ガル＝一秒間に一センチメートルの加速）の揺れでも耐震性を保てるよう、配管の改造や支持鉄塔などの工事を実施した。

③小さな揺れで自動停止

原子炉建屋の地下二階に地震計を設置し、これが百二十ガルを感知すれば、原子炉は自動的に停止する。これは目安として、震度5弱程度に相当する。

④さらなる地盤改良工事
二〇〇九年に発生した駿河湾地震で見られた地震の増幅を反映し、さらに最大二千ガルの増幅地震動を設定した地盤改良工事を実施する。
⑤断層の評価
浜岡原発の敷地には、「H断層系」が存在する。ただし地震や地表に大きなズレを生じる可能性があるのは、活断層と呼ばれるものである。浜岡原発の敷地の下にある断層は活断層ではないと確認している。また活断層が動いたときに引きずられる可能性のある破砕帯《はさいたい》についても、その性状は見られていない。
さらに発電所周辺の陸域、海域に存在する二十五本の活断層についても、国は定めた評価方法に基づき、安全性を確認している。

〈震災後〉
⑥津波対策
両端部に海抜二十二～二十四メートルの改良盛土を施した。さらに総延長一・六キ

ロ、海抜二十二メートルの高さを持つ防波壁を設置した。また海水を取り込む取水槽は、海と取水路トンネルによってつながっている。ここに津波が流入して溢れないよう、取水槽の周りに高さ四メートルの防止壁を設置した。

仮に津波が防波壁を突破した場合に備え、原子炉建屋の耐圧・防水構造を強化する。具体的には、防水扉を水密扉に取り替え、新たに強化扉を設置して二重化し、また3、4号機では海抜二十メートル程度の高さまで、建屋開口部に自動閉止装置を設置した。

⑦福島第一原発のような電源喪失を想定した対策

三ルートある送電線と、建屋内の非常用ディーゼル発電機が共に使用不能になった場合にも備える。まずは海抜四十メートルの高台にガスタービン発電機を設置し、原子炉への注水ポンプと緊急時海水取水設備を起動させる。このガスタービン発電機も使えない場合は、蓄電池と停止した原子炉の余熱蒸気を使って注水ポンプを起動する。さらに建屋屋上の発電機、また電源車の電源も使用して注水を行う。もしこれらすべての電源が全部失われた場合には、可搬型ポンプを使って地下水槽、貯水タンク、敷地の西側を流れる新野《にいの》川の三つから注水を行う。

⑧それでも燃料が溶けるような重大事故になった場合
格納容器の上蓋《あげぶた》接合部、格納容器内の蒸気、格納容器内に溶け落ちた高温の燃料、それぞれを冷却する設備の設置・強化を行なった。

また建屋の水素爆発を防ぐため、フィルター付きのベント設備を設置し、放射性物質の放出量を一千分の一以下に抑えて気体を外部に放出する。さらに放水砲を配備し、水を流して冷却するとともに放射性物質を地上に落として拡散を抑える。


といった、様々な改良が加えられてきました。


事故は必ず起こります。

他方、原発はどんなにダメージを受けても、「止める」「冷やす」「閉じ込める」が働けば安全なのです。これが科学であり技術です。

ビクともしない巨大な防波壁を造るのも、多くの人を納得させるのには役立ちますが、それを越える想定外の津波や地震もあります。費用対効果を考えれば、別の道もあったはずです。

福島第一原発の事故原因が「全電源喪失」であれば、予備電源や電源車を増やすとともに、今まである電源の防水性を高めるほうが有益かもしれません。でも、それだけでは多くの人が納得しないでしょう。

もっと冷静に科学的に考えるべきでしょう。

❷「絶対に安全」が生んだ悲劇と堕ちた専門家の権威

福島の原子力事故の前は、「絶対に安全」という言葉がキーワードになっていたと思います。そして、「安全神話の崩壊」が起こったのです。

この言葉のために、原子力事故が起こった後の対策がまったく準備されてこなかったのです。避難訓練も行われなかったし、法的整備も十分になされていませんでした。

「絶対に安全ならば、そんなことは必要ない」

「避難訓練をするということは、事故は起こるのか」

「事故が起こるようなものはいらない」

その結果、すべての事故後の対策がおろそかになったのは明白です。

この言葉は大いに日本的なものです。

技術に「絶対に安全」などありえません。こういう場合、アメリカやヨーロッパでは、九九％という言葉を使うようです。「九九％安全」と言えば、国民はそれで十分とは言えないまでも納得するのです。そして残り一％のために準備をする。安全も確率論で科学的な裏付けとするのです。

しかし、日本では九九％の安全では多くの国民は納得しないでしょう。残りの一％が起こったらどうする。よって、「絶対に安全」を使わざるをえないと聞いたことがあります。

その結果が、大きな事故と拡大につながったのです。

また、今回の事故で多くの国民の不安を煽《あお》った要因の一つは、コロコロ変わった専門家の言葉です。

原子力という極度に専門化された分野では、専門家に頼らざるをえません。

ところが今回、その専門家の言葉に多くの国民が疑問を持ったのです。

安全とは、

「人とその共同体への損傷、ならびに人、組織、公共の所有物に損害がないと客観的に判断されることである。ここでいう所有物には無形のものも含む」。

安心については、

「個人の主観的な判断に大きく依存するものである。当懇談会では安心について、人が知識・経験を通じて予測している状況と大きく異なる状況にならないと信じていること、自分が予想していないことは起きないと信じ何かあったとしても受容できると信じていること」とあります。

これは、国の「安全・安心な社会の構築に資する科学技術政策に関する懇談会」なるものの「安心・安全」の概念です。正直、何が言いたいのかよく分かりません。

安全は科学的根拠に基づいたもので、安心は心理面が根拠となるということでしょうか。

安全はプロの領域、安心はアマチュアの領域。というようなことを難しい言葉でこねくり回し、難解に表現しているのだと思います。

何年か前、中国製の食品に関して「安全性」が問題になりました。「食の安全」では、いろんな農薬や遺伝子作物が問題となっています。しかし、僕たち素人には、農薬の種類や、遺伝子のどの部分を変化させたなどという専門的なことを話されても、ほとんど理解できません。もちろん評価もできません。最後は、その道の専門家の言葉を信じざるをえないのです。

僕たちは安全性を理解するより、専門家の言葉を信じて安心を得たほうが、平穏な暮らしができるのです。

原発事故以来、今まで一般の人が耳にもしなかったベクレル、シーベルトといった単語が、テレビ、新聞、週刊誌に溢れました。そして日常会話の一部となった感がありま す。それはそれでいいことなのでしょう。

これらの単語は、原子力を語る上で非常に重要です。しかし、これらの単語を科学的に理解している「普通の人たち」はどれくらいいるのでしょうか。

一般の人に原子力の安全性を理解させるのは非常に難しいことです。大部分の人は基礎的な知識がない上に、「科学的に」理解しようという意識もけっして高いとは言えません。

反原発を叫ぶ人も、おそらく原子力とは何ぞや、という問いに、正確に答えることができる人は、一部の専門家を除き非常に少ないでしょう。すべては感覚的なものだと思います。

はっきり言えば、すべての人に原子力の「安全」を理解させようなどということは、しょせん無理な話だと思います。しかし、一般の人には「安心」を与えなければなりません。

では、どうすれば、原子力発電を積極的ではなくても、「まあ、いいでしょう」と言ってもらえるのでしょうか。つまり、安心してもらえるのか。

それは最終的には、「よく分からないが、あの人が言うのだから信用しましょう」というレベルのものになるのでしょう。結局、安心とは「人と人との信頼関係」から生まれるものではないでしょうか。

原子力など素人には分かりにくい、高度な専門性が求められる分野においては、信頼なくしては「安心」はありえません。

だから専門家は、全力を尽くして「安全」の確保に努力しなければなりません。

そして、人々はそういうプロの姿勢を見て、説明を聞いて、「安心」を得るのです。


賛否はあるでしょうが、あえて言うと、僕は一般の人に原子力や放射能の判断を求めるのは酷だし無理だと思います。

ほとんどの人が、新聞、テレビやインターネットのブログからの、一夜漬けの表面的な知識を持っているにすぎません。そして特にブログでは、一部の極端な人の意見や出所不明のデータが出回り、過激で不正確な見出しだけで拡散されていきます。冷静で正確な判断など、とてもできるはずがありません。専門家や政府がそれを求めるのは、もしものときの、責任転嫁にすぎません。

すべてを公開した上で各自の判断に任せる、などというのも無責任な話です。癌《がん》治療などと違い、影響が個人にとどまらないからです。

専門家が何十年も生涯の仕事として懸命に学んできたことと、素人がマスコミ任せで短期間に仕入れたうわべだけの知識での理解と判断が同じはずがありません。これが同じだということは、専門家など必要ないと言うに等しいことです。

原子力、放射能といった極度に専門性が必要な問題では、主導権を握り決定するのは専門家の責任だと思っています。彼らが決定したならば、一般の人たちはそれを信じて従うことが重要です。

しかし残念なことに、今回の事故でこの構図が完全に崩れました。

専門家を一般の人たちが信用できなくなったのです。これは、専門家が自ら招いたことです。

事故後、蓋《ふた》を開けてみると企業も、政府も、大学も目に余るいい加減さでした。状況によってコロコロ変わる数値や言葉、はびこる利権構造、内部の癒着《ゆちゃく》と怠慢《たいまん》。国民は、このような専門家の発する言葉や数値を信用できるはずがありません。これではとうてい「安心」を得ることはできません。

原発、放射能問題は、すでに科学ではなく、感情になっているのです。

現在、稼働を待つ原発が安全で、日本に原発が必要な理由を専門家がいくら述べても、「どうせ、原子力ムラの人が言うことだから」「でも福島では実際に事故が起きたでしょ」と返されると反論できません。

一度失った信用を取り戻すことは、非常に難しいことです。それが可能かどうかも分かりません。

専門家を自認する人たちは、全力で「安全」を目指し、何年、何十年かけても人々に「安心」を取り戻すべく努力しなければならないでしょう。

❸放射能を理解するのは素人には難しすぎる

北海道〇・〇二～〇・一〇五、山形〇・〇二五～〇・〇八二、岩手〇・〇一四～〇・〇八四、千葉県〇・〇二二～〇・〇四四、東京都〇・〇二八～〇・〇七九、神奈川〇・〇三五～〇・〇六九、愛知〇・〇三五～〇・〇七四、大阪〇・〇四二～〇・〇六一、広島〇・〇三五～〇・〇六九、福岡〇・〇三四～〇・〇七九、長崎〇・〇二七～〇・〇六九、鹿児島〇・〇三〇六～〇・〇九四三、沖縄〇・〇一三三～〇・〇五七五。

この数字が何であるか、分かるでしょうか。

単位はマイクロシーベルト／毎時となると、多くの方が頷《うなず》くでしょう。

北は北海道、南は沖縄まで、日本各地の自然放射線量の最低値と最高値です。日本国内でも地域によって、また最低と最高値の間で、この程度の差が出るのです。

この自然放射線は、宇宙線＋自然放射性核種（地殻・建材）＋体内の自然放射性核種（カリウム40、炭素14）＋空気中のラドンです。

その線量は、年間それぞれ、三九〇＋四八〇＋二九〇＋一二六〇マイクロシーベルトです。

地球上の人は世界平均として、年間約二四〇〇マイクロシーベルト、つまり二・四ミリシーベルトを被曝していることになります。

当然、地球上の場所によって違いが出ます。

ラムサール（イラン）は一〇・二と二六〇。ガラパリ（ブラジル）は五・五と三五。ケララ（インド）は三・八と三五。陽江（中国）は三・五と五・四。香港（中国）は〇・六七と一・〇。

単位はミリシーベルト、自然放射線の年間の平均値と最高値です。

ちなみに、日本は〇・四三と一・二六です。

日本でも、最も高い岐阜県は一・一九ミリシーベルト、神奈川県の〇・八一ミリシーベルトと比べて、約一・五倍の差があります。

僕たち人間は地球に住む限り、この自然放射能から逃れることはできません。

放射線に関する事故が起きると、空間線量はこの自然放射能にプラスされた値となります。
P.46～47の図【1】は、日常生活と放射線との関係を示したものです。
肺や胃の異常を確かめるために受けるX線検診は、一回の胸部X線検診で〇・〇六ミリシーベルト、胃のX線検診で三・〇ミリシーベルトの放射線を受けます。

癌の放射線治療には高エネルギーのX線、中性子線を当てることもあり、やはり被曝したことになります。

東京－ニューヨーク間を航空機で往復したときには、〇・一一～〇・一六ミリシーベルトの放射線を受けます。

原発事故当時、僕たちを混乱させたのはコロコロ変わる数値でした。

国際原子力機関（ＩＡＥＡ）が決めた安全標準値は、一般の人で年間一・二〇ミリシーベルトです。しかしこれは極めて低い値で、職業によって、さらに幅を持たせています。

放射線技師や核物質に関わる仕事をしている人は五〇ミリシーベルトです。

ちなみに宇宙ステーションに一年間滞在したときに受ける放射線量は三六五ミリシーベルトです。

日本政府の定めた基準は年間一ミリシーベルトです。この値が大きいのか小さいのか僕には分かりません。

一般に、一〇〇ミリシーベルト以下では健康被害は見られないと言われています。

ただちに健康被害が出るのは一〇〇〇ミリシーベルト以上の被曝時です。気分が悪くなったり、嘔吐《おうと》したりします。

スリーマイル島の原発事故では、周辺住民の被曝量は一ミリシーベルト以下だったとされています。

一時期、日本で自然放射能の値が大きくなった時代がありました。

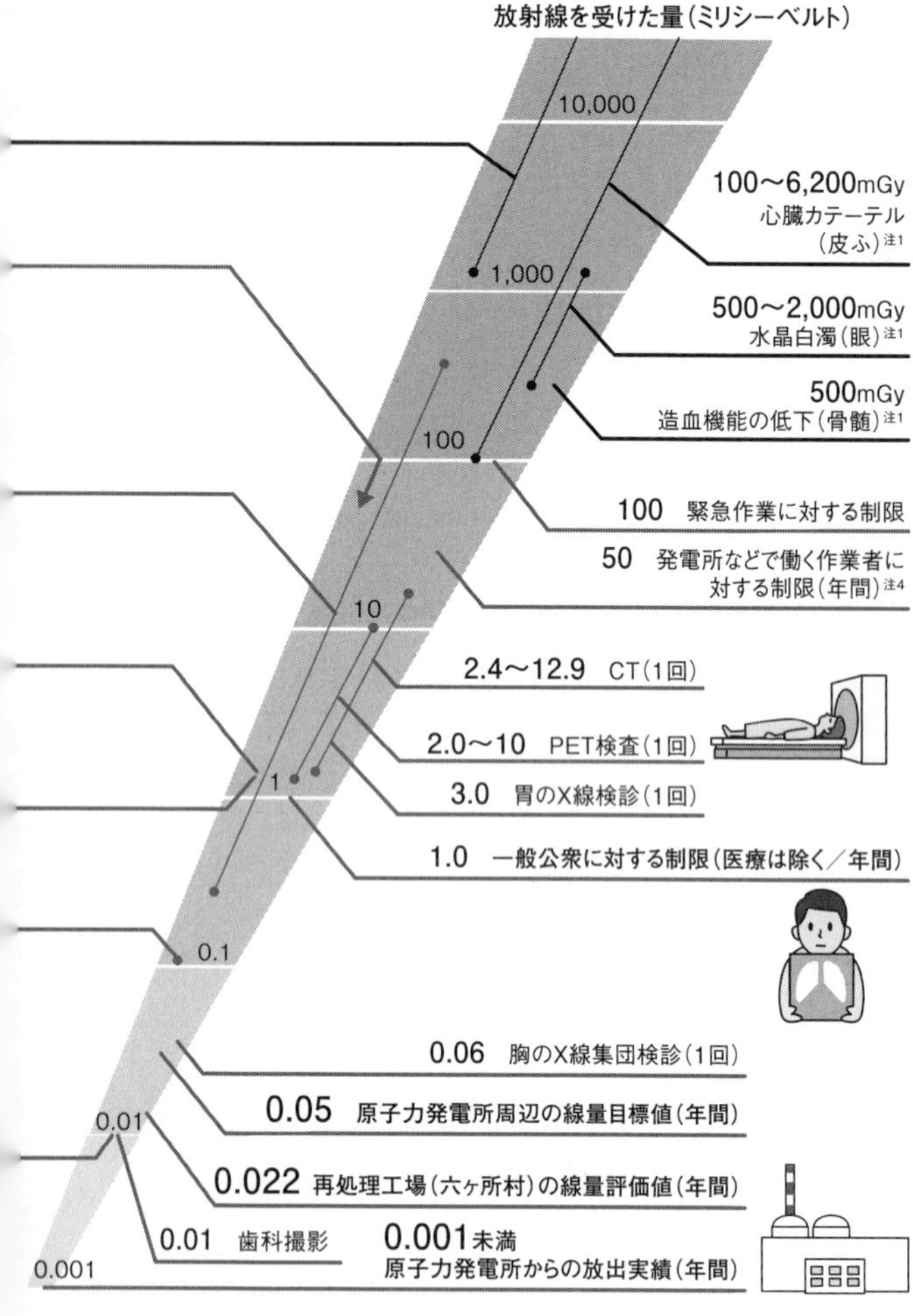

放射線を受けた量（ミリシーベルト）
10,000
1,000
100
10
1
0.1
0.01
0.001
100〜6,200mGy 心臓カテーテル（皮ふ）注1
500〜2,000mGy 水晶白濁（眼）注1
500mGy 造血機能の低下（骨髄）注1
100 緊急作業に対する制限
50 発電所などで働く作業者に対する制限（年間）注4
2.4〜12.9 CT（1回）
2.0〜10 PET検査（1回）
3.0 胃のX線検診（1回）
1.0 一般公衆に対する制限（医療は除く／年間）
0.06 胸のX線集団検診（1回）
0.05 原子力発電所周辺の線量目標値（年間）
0.022 再処理工場（六ヶ所村）の線量評価値（年間）
0.01 歯科撮影
0.001未満 原子力発電所からの放出実績（年間）

【1】日常生活と放射線

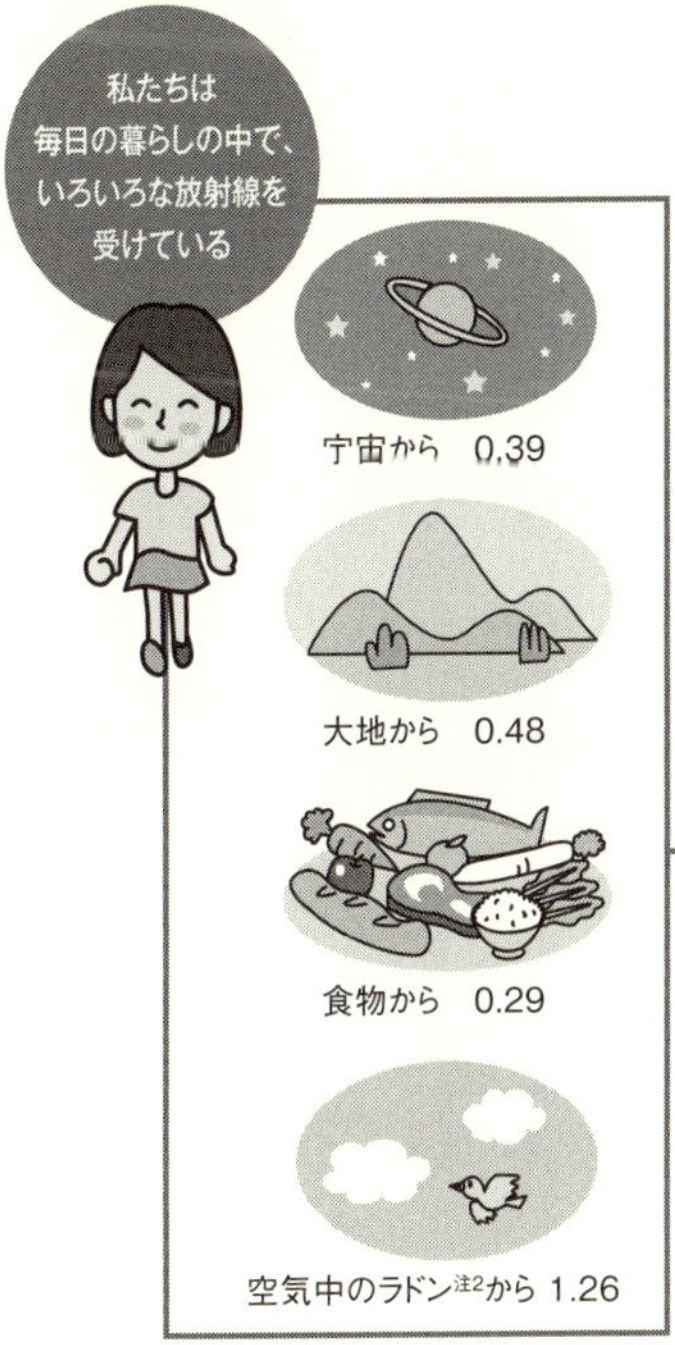

2,500〜6,000mGy
不妊（生殖腺）注1
3,000〜5,000mGy
一時脱毛（皮ふ）注1

100ミリシーベルト以下

被曝による発癌リスクに
統計的な差はない

大地からの自然放射線
　ラムサール（イラン）、ケララ、
　チェンナイ（インド）
0.5〜613.2

★住民の健康への影響は
　確認されていない

1人当たりの
自然放射線（年間）　2.4

［世界平均］

1人当たりの
自然放射線（年間）　2.1

［日本平均］

東京ーニューヨーク
航空機旅行（往復）　0.11〜0.16

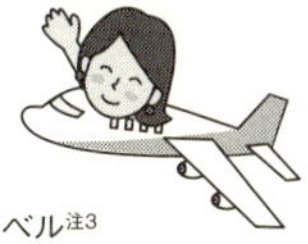

クリアランスレベル注3
0.01（年間）

注1:放射線障害については、各部位が均等に吸収線量1ミリグレイ（mGy）のガンマ線を全身に受けた場合、実効線量1ミリシーベルトに相当するものとして表記
注2:空気中に存在する天然の放射性物質
注3:自然界の放射線レベルと比較して十分小さく、安全上、放射性物質として扱う必要のない放射線の量
注4:発電所などで働く作業員に対する線量は5年間につき100ミリシーベルトかつ1年間につき50ミリシーベルトを超えない
資料:電気事業連合会

アメリカ、ソ連が核実験を続けていた時代です。一九六三年の東京では一・六九ミリシーベルト／年の値が観測されています。

しかし、その時代をすごした人たちが特に健康被害が大きいかと言えば、そうでもありません。

日本は不幸にして、広島、長崎と二度の原爆の被害にあいました。

そのため、被曝に関する資料の蓄積も多くあります。国は、もっと僕たち国民の理解を深めるための工夫をしてほしいと思います。


さて、ここまで書いてきて、僕の結論は「やはりよく分からない」です。

原発事故の現場に行った人が鼻血を出すマンガが問題になったことがあります。明らかに科学的考察を無視した表現には違いありませんが、混乱は、放射能に関して理解するのが難しすぎるのが原因です。

この種の問題は、専門の科学者でさえ複数の意見を出し合ってまとまらない場合があります。素人の僕たちに一つの結論を出すなど、しょせん無理なのです。

とはいえ、僕の個人的な意見ではありますが、やはり現実的な結論は必要です。「今のところよく分かりません」では、たとえそれが事実であっても一般の人には不安と混乱を引き起こすだけです。

最も重要なのは窓口の一本化です。いろんな立場の人が、様々な場所で自分の主張を言い合うのでは、世の中の混乱は増すばかりです。

福島の原発事故に関しては、企業はもとより国からも独立した組織を作って、すべての情報をそこに集約することが必要です。何か問題や疑問が生じれば、その機関が対応する。

何を今さらと笑われ、難しいことは分かっています。しかし、先はまだまだ長いのです。

二〇一四年六月に福島に行ったとき、朝テレビをつけると、空間線量詳細モニタリング結果が画面に出ていました。浪江町二・〇五八、双葉町六・四〇六、大熊町二・五四二、富岡町二・六六三との数値が映されました。

除染によりこの値はかなり低くなってはいますが、まだ事故は続いているのです。

第2章

世界は原発に向かう

(1)増え続ける世界人口と電力需要

❶五十年後、世界人口は百億人を突破する

少子高齢化。これは現在、そして今後、日本が抱える大きな問題です。日本の人口は二〇〇八年、約一億三千万人をピークに減少を始め、二〇四八年には一億人を切るとされています。

しかし世界に目を向ければ事情はかなり違います。

左のグラフ【2】は十数万年前からの世界人口の推移を示したものです。十八世紀に約六億人であった世界人口は、産業革命を境にして指数関数的に増加しています。一九五〇年二十五億人、一九八七年五十億人、一九九八年六十億人といった具合です。

つまり、世界の生産が増えるに従い、また労働力が必要とされ医学が進歩するととも

【2】世界の人口推移

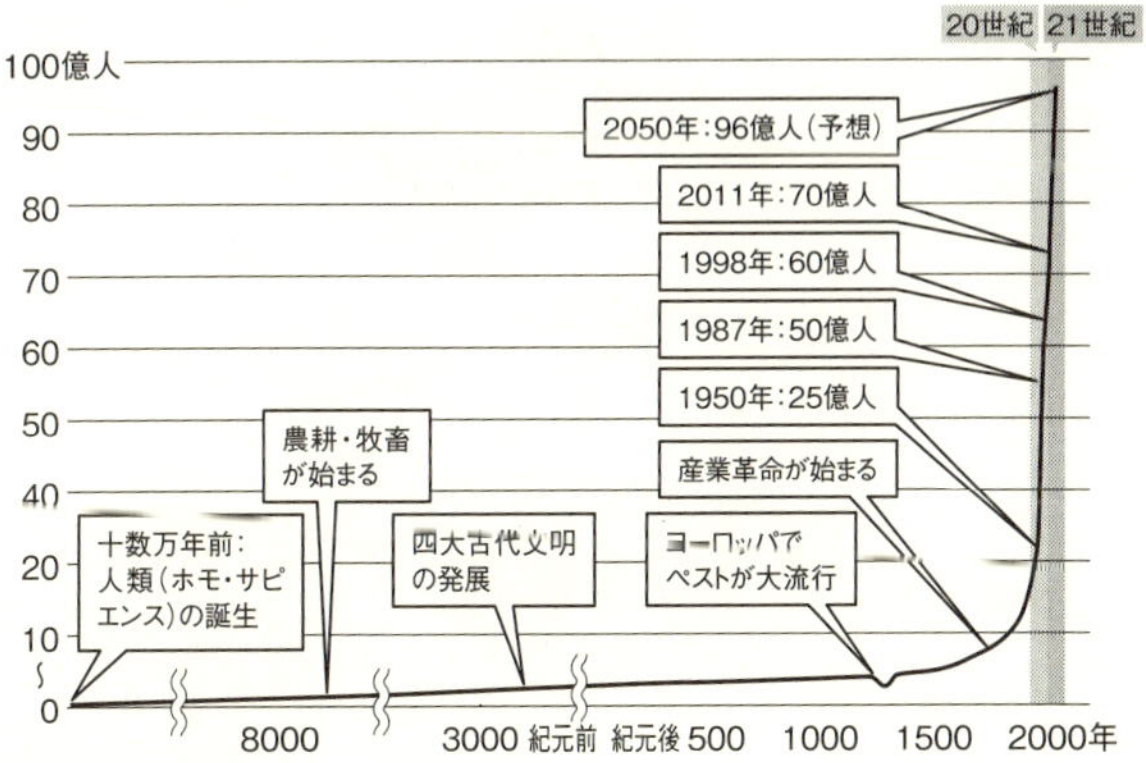

注：人類誕生から2050年までの推計値
資料：国連人口基金

に、わずか三百年あまりで十倍以上になりました。

　そして二〇一一年に七十億人に達しました。

　さらに、二〇三〇年に八十四億人、二〇六五年には百億人を超えると試算されています。

　次ページの円グラフ【3】は世界の国別人口割合です。

　人口の多い順に、中国一九％、インド一八％、アメリカ五％と続いています。

　日本はロシアと同じで二％です。

　そして私たちがよく知っている国、ヨーロッパのドイツ、フランス、イギリス、イ

【3】世界の国別人口割合

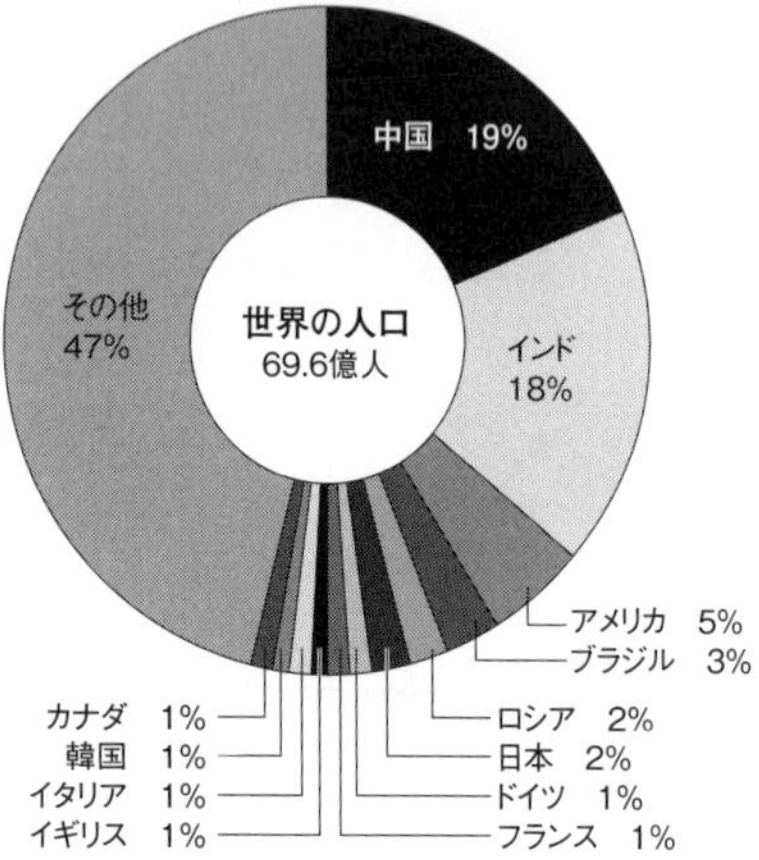

注：2011年。四捨五入の関係で、合計値は合わない場合がある（以下すべて）
資料：電気事業連合会

タリアといった国と韓国の人口は、それぞれ一％ほどにすぎません。

これらの国で世界の五三％の人口を占めています。

具体的には中国十三億人、インド十二億人と、アジアの発展途上国の人口増加には著しいものがあります。ちなみにアメリカは第三位で三億人、日本は十位です。

注目したいのは、その他に含まれる四七％の人たちです。

インドネシア二億五千万人、ブラジル二億人、パキスタン一億八千万人、ナイジェリア一億七千万人、バングラデシュ一億五千万人といった国があります。

世界には私たちのよく知らない国に、膨大な数の人たちが生きているということです。これらの多くの国は発展途上国で、僕たち日本人が知るよりずっと貧しく、冷蔵庫、エアコンはおろか、電灯の電気さえ不足した生活を送る人たちがたくさんいます。同時に、こうした世界の多くの人口を占める発展途上国は、先進国を目指して経済発展しようとしています。

重要なことは、当分の間、世界人口は増え続けるということです。

❷上位四カ国で世界の半分以上の電力を使用

次ページの円グラフ【4】は、各国が年間に使用している電力量の割合を表わしています。中国二二％、アメリカ一〇％、日本五％、ロシア五％、インド四％、ドイツ、カナダ、韓国は各々《おのおの》三％と続いています。中国がアメリカを抜いたのはつい最近です。人口で十二億人を超えるインドが中国と並ぶのは、さほど遠い未来とは思えません。ブラジル、フランス、イギリス、イタリアは二％です。

【4】国別の電力使用量割合

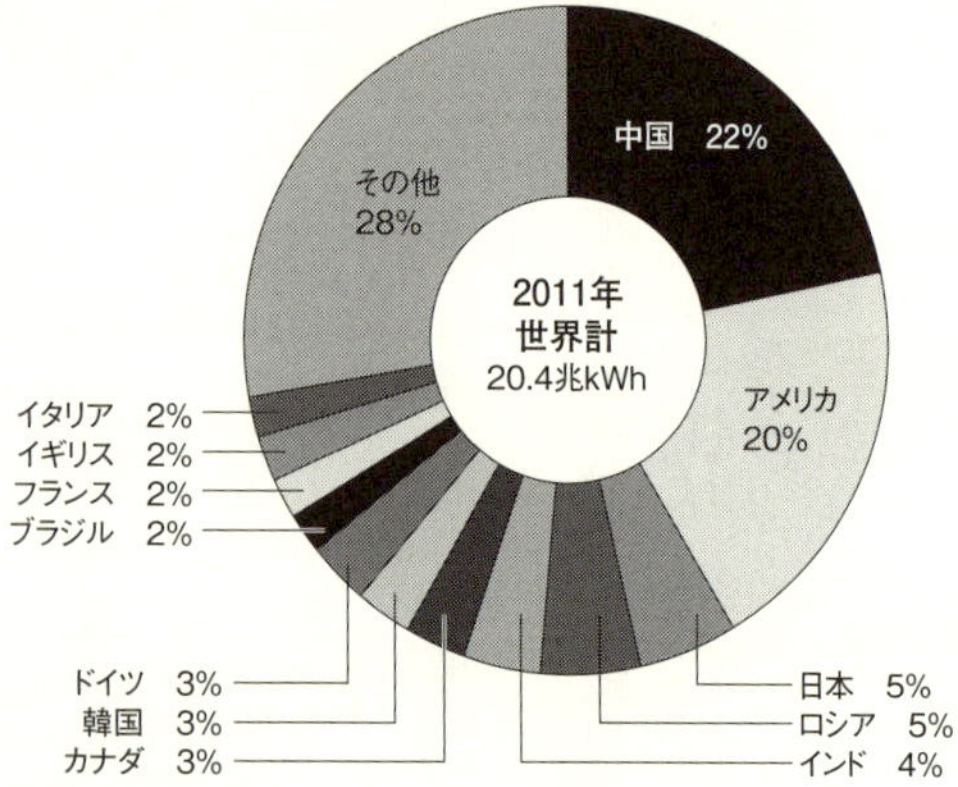

資料：電気事業連合会

そして、それ以外の国で二八％の電力が使われています。

注意してほしいのは、上位四カ国で世界が使う総電力の半分以上、五二％を使用しているということです。

GDP世界三位の日本の電力使用量が世界の五％というのは、かなり低い値です。それは石油などの化石燃料のほぼすべてを輸入に頼る日本が、最新技術を生かした効率的な電気製品を作り、工場はもとより個人も省エネ対策に力を入れた結果でしょう。

日本ではエアコンや冷蔵庫などの効率が毎年よくなっています。

では、日本国内の電力の使われ方はどう

【5】日本の最終エネルギー消費の構成比

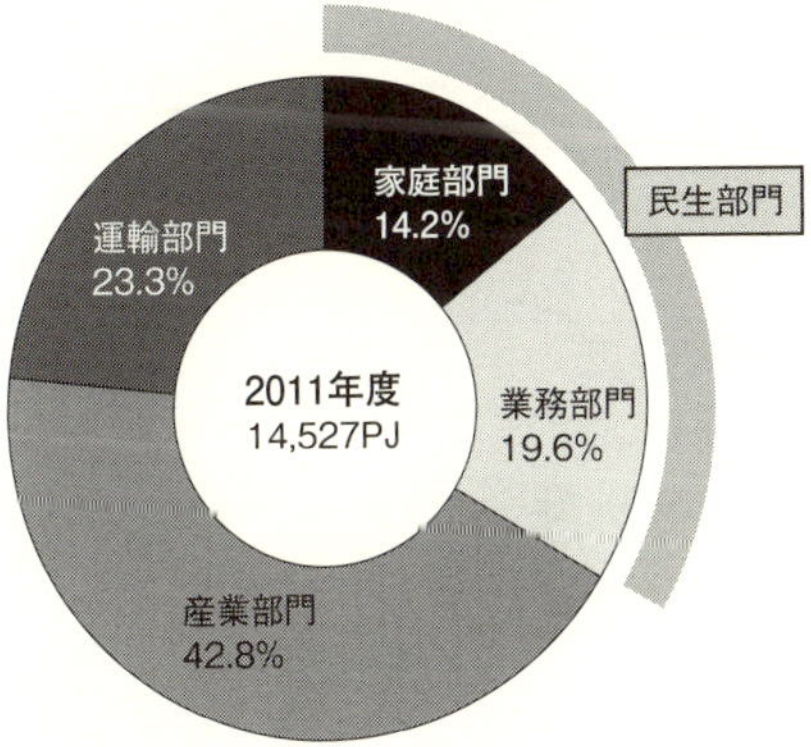

注：単位はPJ（ペタジュール）
資料：資源エネルギー庁

でしょう。

電力は家庭部門や業務部門（オフィスや店舗など）を合わせた民生部門、産業部門、運輸部門に分けられます。

最終エネルギー消費は、日本においては円グラフ【5】のような割合になります。

産業部門四二・八％、民生部門三三・八％（家庭部門一四・二％、業務部門一九・六％）、そして運輸部門が二三・三％です。

つまり、電力は産業が発展するほど大量に使われるということです。特に、鋳物工場やアルミの精錬工場では多くの電力が消費されます。

単に人口比で国の消費電力が決まるとは

【6】日本の電力使用量の推移

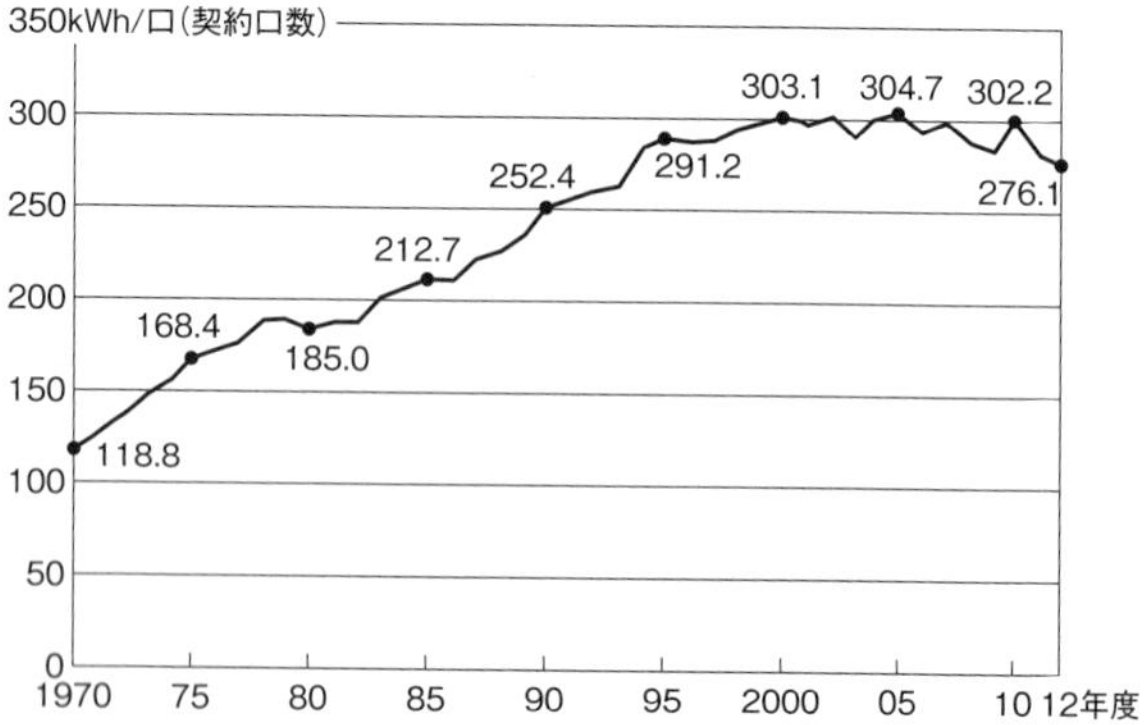

注：1カ月当たりの平均電力使用量。9電力会社の平均値
資料：電気事業連合会

限りませんが、国の人口が増えると工業力が増し、国としての電力使用量も増えることは確かでしょう。

【6】のグラフは、日本の電力使用量の推移を示したものです。一九九五年頃から大きな伸びはなくなっています。地球温暖化が叫ばれ、国を挙げて省エネに取り組んだ結果でしょう。さらに人口増加が止まったことも原因の一つです。

大きな転換点は東日本大震災が起こった二〇一一年です。使用電力は減少しています。国を挙げての節電意識の普及と電力料金の値上げに迫られたせいでしょう。

今後、日本は電力の量を増やすことより

【7】世界の年間一人当たりの電力使用量

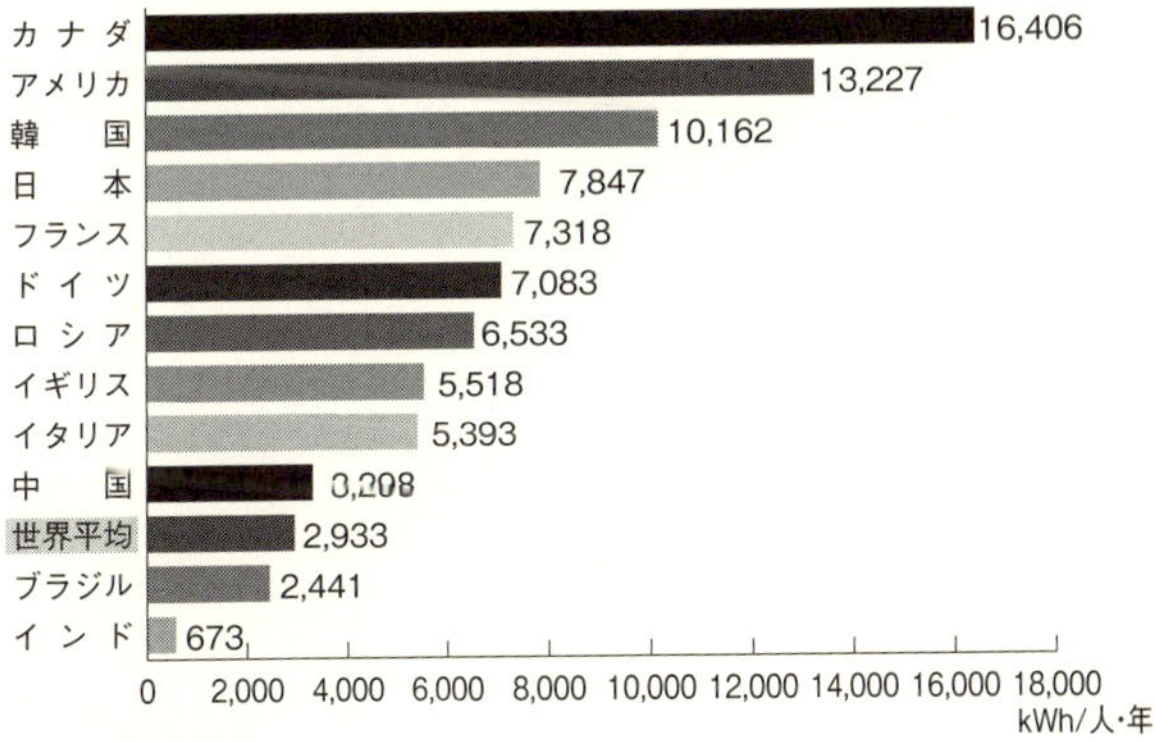

注：2011年のデータ
資料：電気事業連合会

も、より安価で二酸化炭素を出さないクリーンな電力の普及が求められるでしょう。

❸インド人の二四・四倍も使用するカナダ人

【7】は、一年間の一人当たりの国別電力使用量を示したグラフです。このグラフは、世界の未来を暗示する重要なデータだと思います。

これによると一人当たりの年間電力使用量が最高の国はカナダで、一万六千四百六ｋＷｈの電力を使っています。

そして、二番目はアメリカで一万三千二百二十七ｋＷｈ。三位は韓国で一万百六十二ｋＷｈです。日本は四番目で、七千八百四十七ｋＷｈの電力を使っています。

そして、フランス七千三百十八ｋＷｈ、ドイツ七千八十三ｋＷｈ、ロシア六千五百三十三ｋＷｈ、イギリス五千五百十八ｋＷｈ、イタリア五千三百九十三ｋＷｈ、中国三千二百九十八ｋＷｈと続きます。

これらは、中国以外は世界の先進国と言われる国です。国民の生活水準も高く、工業も発達した国々です。中国は都会と農村部との格差はありますが、多くの富裕層がいます。ＧＤＰ世界第二位の大国で、電力の個人使用も爆発的に増えるでしょう。

ここまでが世界平均以上に電力を使っている国々です。

世界平均は二千九百三十三ｋＷｈです。

そして世界平均以下の国としては、ブラジル二千四百四十一ｋＷｈ、インドは十二位の六百七十三ｋＷｈとなっています。

アフリカや東南アジア、南米諸国には、一人当たりの電力使用量が世界平均以下の国がまだたくさんあるということなのでしょう。

しかし、国別の電力使用量を思い出してください（P.56の円グラフ【4】を参照）。一番目の中国が二二％、二番目のアメリカが二〇％、インドは四％です。日本は三番目の五％でした。

これらは個人消費電力とともに、国の工業形態が大きく作用しています。

カナダは水資源が豊富で、水力発電が五八％を占めています。電力を多く使う工業、アルミの精錬・生産などが主要産業です。

アメリカは産業部門の使用電力が多いでしょうが、純粋な個人消費も多いと思います。

四十年近く前になりますが、四年近くアメリカに住んだことがあります。広い部屋全体をあたためる暖房、大きな冷蔵庫、乾燥機付きの洗濯機は序の口で、個人の家に温水プールがあったのには驚いた経験があります。これらは大きな電力を使います。

一人当たりの電力使用量の世界最高は、人口約三千五百万人のカナダ人でインド人の二四・四倍を使用しています。

アメリカ人の使用量は中国人の四・〇倍、インド人の一九・七倍に相当します。

日本人は中国人の二・四倍、インド人の一一・七倍の電力を使っていることになるの

【8】世界のエネルギー使用量の年変化

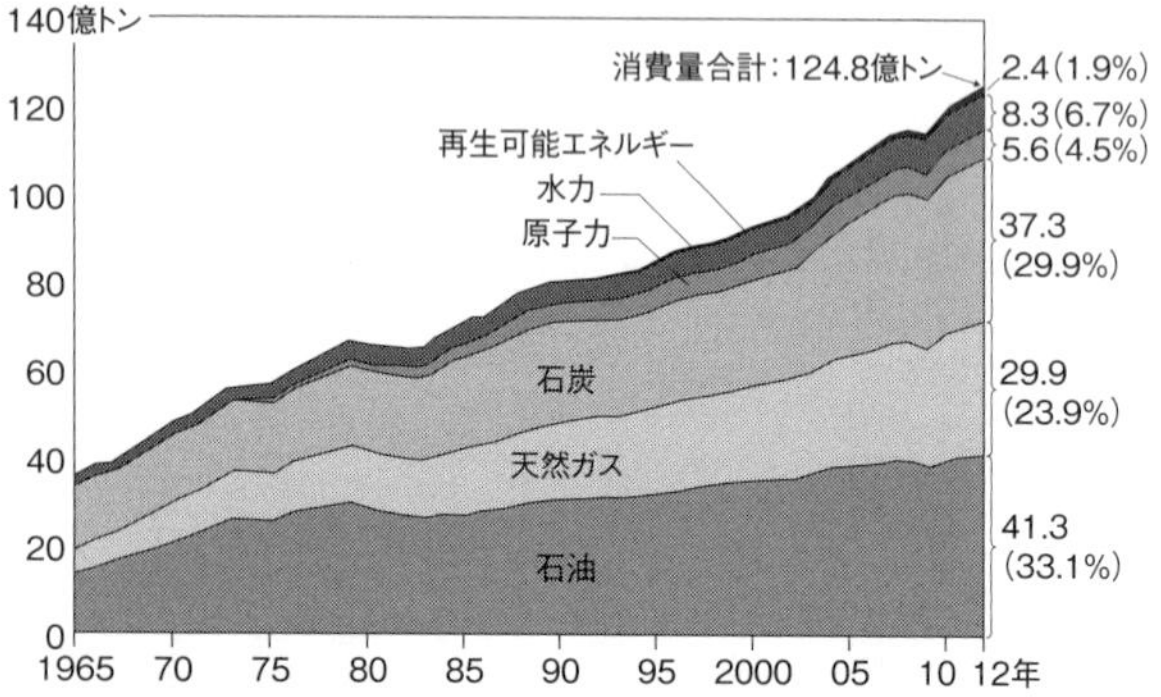

注：石油換算した1次エネルギー消費量。（　）内は全体に占める割合
資料：電気事業連合会

です。

あとで詳しく述べますが、人口が二位と五位の国、インドとブラジルが一人当たりの使用電力量が世界平均より少ないということは、今後、爆発的に量が増えることを意味しています。そして人口一位の中国が世界平均をわずかに上回るだけというのは、こちらも爆発的な増加を意味しています。

さらに南米やアフリカの新興国が、国を挙げて発展を目指して動き出しています。今後、人口も急激に増えていくでしょう。

どんな産業にも電力は必要です。その量は膨大なものになるでしょう。

【8】のグラフに示されるように、世界の電力

【9】エネルギー利用で困っている地域と人たち

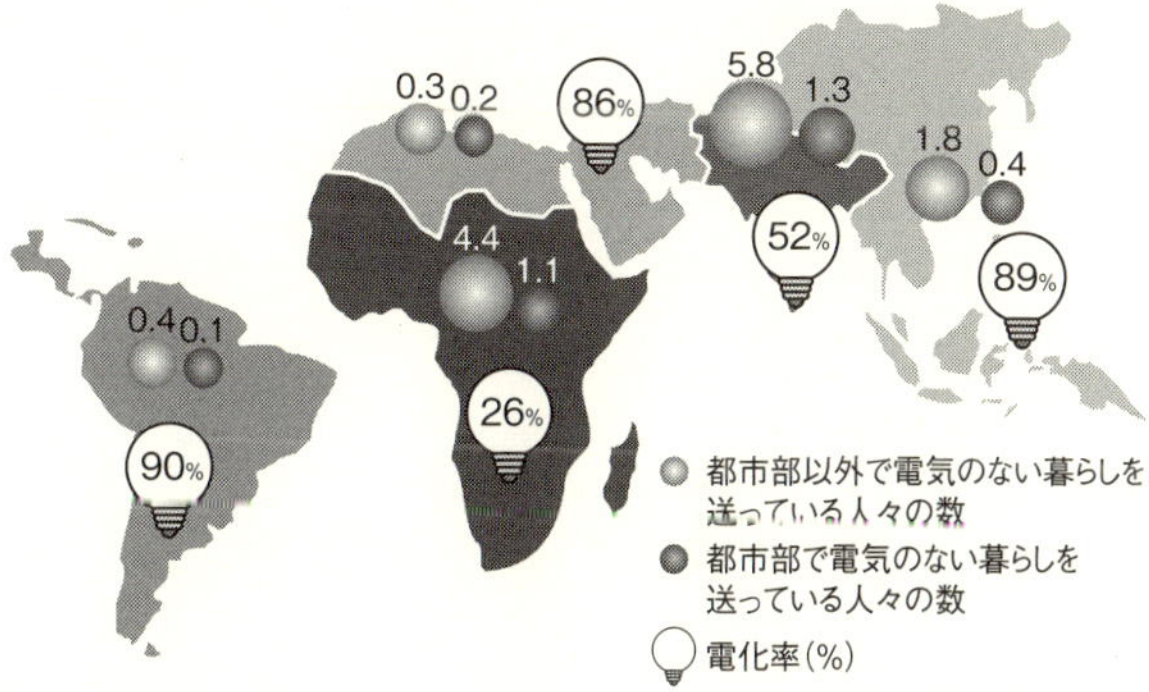

出典:「World Energy Outlook 2006」ほか　資料: 四国電力

を含むエネルギー使用量は今後、著しく増加していくことは明白です。

それに対応できる量と質の電力が求められるでしょう。

❹途上国の人にもいい生活を求める権利が

【9】の世界地図は、世界の各地域における電力の普及状況を表わしたものです。

アフリカでは電化率が二六%、インドでは五二%です。世界には、冷蔵庫やエアコンはおろか、電灯でさえ十分に使えない人たちが多くいるのです。

こういう地域の人たちも、日本に住む僕たちと同じようにエアコンの効いた部屋で、明るい電灯の下、テレビを観る生活を望んでいることは間違いありません。

暑いときには涼しく、寒いときには暖かくすごしたい。温かい食べ物を食べ、冷えたビールを飲みたい。テレビを観たい、いい音楽を聴きたい、携帯電話を使いたい。彼らにも僕たち日本人と同等の生活を望み、実現する権利があります。

さて、今まで述べてきたように、世界にはまだ僕たちの知らない国も多く、そこに住む人たちは、さらなる生活のレベルアップを望んで努力しています。

そのためには国の産業が発展しなければなりません。その原動力ともなるべき電力は今後も求め続けられるでしょう。

そうなると現在の数倍以上の電力が必要ではないでしょうか。

今後、地球温暖化もますます加速されます。大気汚染は世界的な問題になっています。さらに化石燃料の埋蔵量には限りがあります。

このような状況を考えると、一基で百万kW以上の電力を生み出し、エネルギー密度が高く、二酸化炭素を出さない原子力発電は、やはり捨てがたい技術です。

しかしながら、その危険性、溜《た》まり続ける放射性廃棄物の問題は残されています。

(2)原発をやめられない理由

❶自然エネルギーはベース電源にはなりえない

次ページのグラフ【10】は、日本の一日における電力配分を表わしています。ただし、福島第一原発事故前のものです。

事故以来、節電が叫ばれ、計画停電が現実的なものになってから、よく見かけたものです。しかしどうも、一般の人たちの理解は今一歩だと思います。

横軸に一日二十四時間の時間軸、縦軸にその時間に稼働している様々な種類の電力の割合を示しています。つまり、一日におけるエネルギー・ミックスの割合です。

まず下から、自流式水力・地熱、原子力、石炭、とほぼ水平に続いています。これらの電力はベース電源と呼ばれ、一日中、同じ出力で発電しているものです。

それらの上に、ＬＮＧ（液化天然ガス）・ＬＰＧ（液化石油ガス）・その他のガス、そし

【10】日本の1日の電力配分図

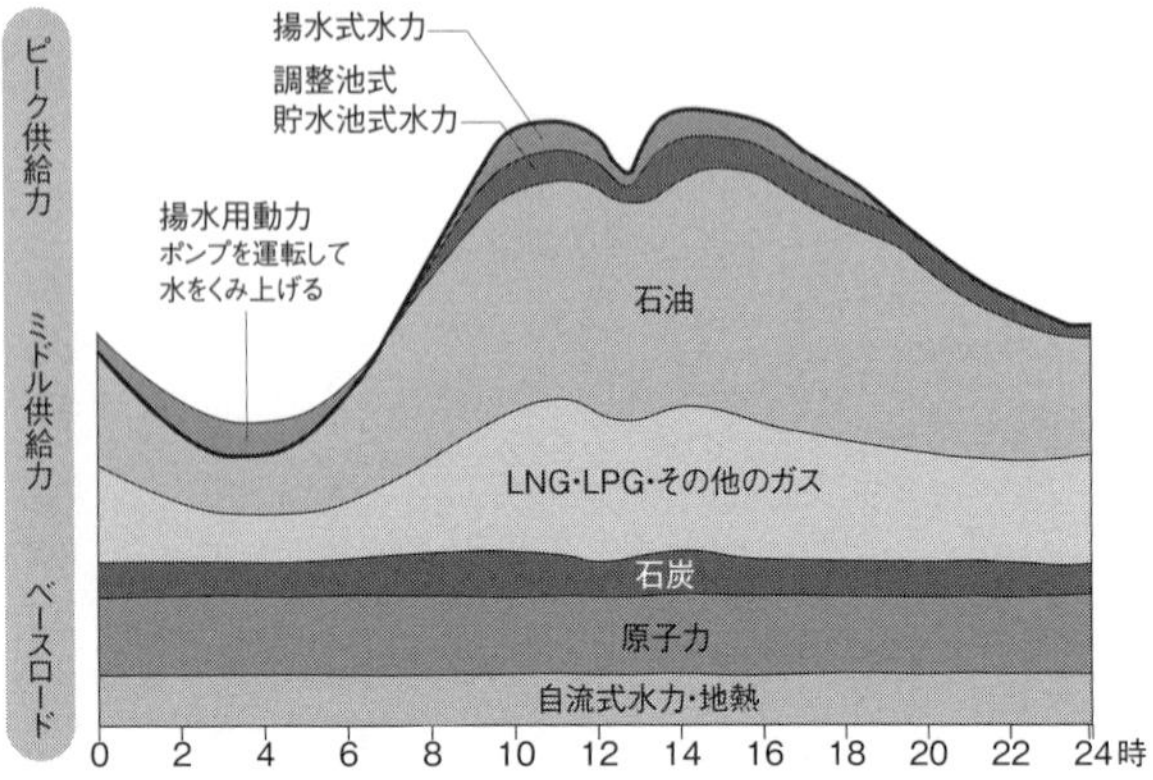

資料:青森県

て石油が入ります。これらはミドル供給力電源と呼ばれ、出力を比較的自由に変えることができます。特に石油と天然ガスは昼間の電力需要が多い時間帯に多く使用されています。

この発電を調整することによってムダな電力を作り出すことなく、地域の電力を賄《まかな》っているのです。

福島第一原発事故の前のことですが、自然エネルギーや石油や天然ガスによる発電を下の部分、ベース電源に持ってくれば、原子力発電は少しですむと主張している方がいましたが、それは間違いです。

原子力や水力は一定電力を出し続けているからこそ、安全かつ経済的なのです。

一日のピーク時に合わせて出力をコントロールするのが、化石燃料を使った火力発電です。

そして、その上が貯水池式水力と揚水式水力発電で夜間の余剰電力でダムの水を揚げて、昼間の使用電力の多い時間帯に供給するのです。

いわゆる風力発電や太陽光発電といった自然エネルギーは、この図では上のほうにある表皮のような部分にあたります。

たとえば太陽光発電ですが、夜にはゼロになります。また、雨の日もゼロです。曇りの日にもゼロに近づきます。上空を雲が横切るだけでも出力にバラツキが生じるのです。風力発電も一日のうちの時間帯で、また季節によっても波があります。

電力は貯めておくことができません。だから、太陽光発電や風力発電がベース電源になることは難しいのです。

二〇一五年一月、最後の金曜日。

政府で「エネルギー・ミックス」の議論が始まりました。

二〇一〇年
「二〇三〇年までに少なくとも十四基以上の原発の新設や増設を行う。その結果、二〇三〇年に、発電量全体に占める原発の割合はおよそ五〇％に達する。再生可能エネルギーは二〇三〇年に二一％になる」
二〇一二年
「原発の運転を開始から四十年に制限し、原発の新設や増設は行わない。二〇三〇年代に原発稼働ゼロを可能とするようあらゆる政策資源を投入」
二〇一四年
「再生可能エネルギーの導入については最大限加速し、二一％をさらに上回る水準を目指す。原発の比率については原発の再稼働が不明のため具体的な水準は示せず」
我が国の「エネルギー基本計画」は、二〇一一年の福島第一原子力発電所の事故前と後では大きく変わりました。
この基本計画は様々な電源をどんな割合で組み合わせて、将来の日本の電力需要を賄うかを決める重要なものです。

【11】日本の電源別発電割合

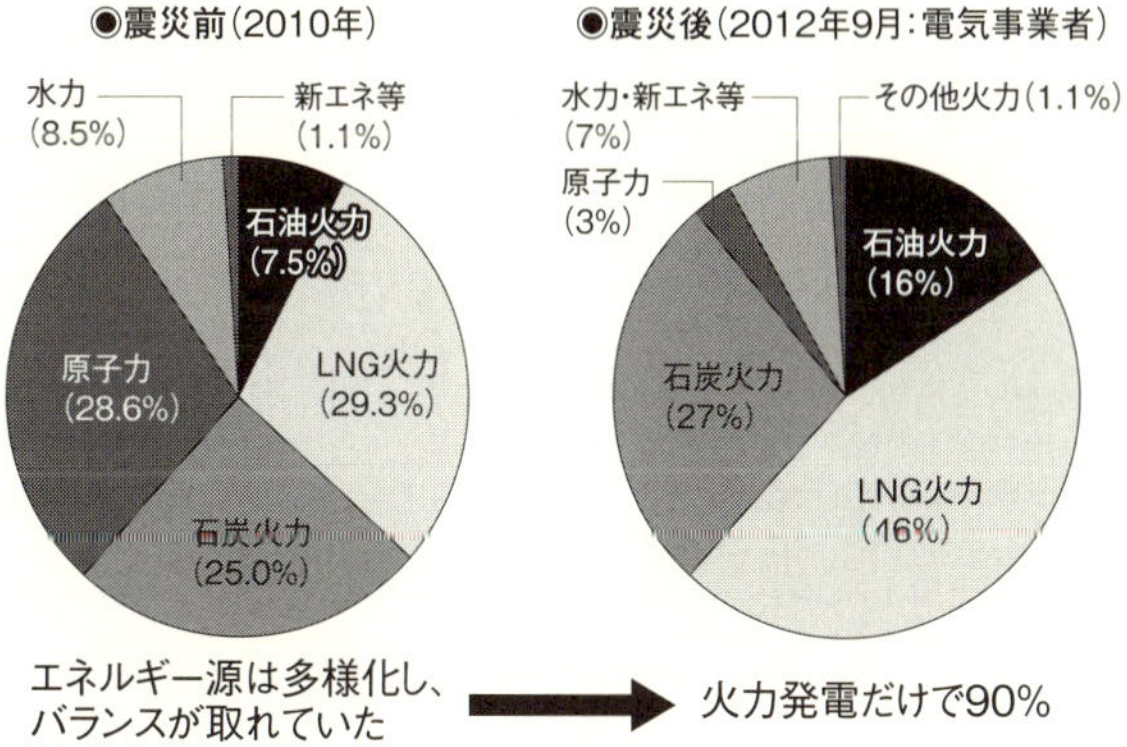

資料：経済産業研究所

温暖化問題、エネルギーの安定供給、企業の経営、経済発展、社会環境、家庭の電力料金など、様々な分野に大きな影響を与えます。日本の最重要課題は今後、原発をどう扱うかということです。

世論は原発に厳しく、再稼働まではまだまだ時間が必要だからです。

さて、【11】の円グラフは日本の電源別発電割合です。

東日本大震災前は原子力が二八・六％、LNG火力が二九・三％、石炭火力が二五・〇％、石油火力が七・五％、水力が八・五％でした。そして地熱を含めた自然エネルギーは一・一％にすぎません。

しかし、二〇一一年の原発事故後、原発は次々と止まり、二〇一二年九月には大飯《おおい》原発のみが稼働している状態でした。そのため、LNG火力四六%、石炭火力二七%、石油火力一六%などと、化石エネルギーの割合が九〇%にも増えました。

福島第一原発の事故前、約三〇%を占めていた原子力を二〇二〇年には五〇%まで上げようというのが、国のエネルギー政策でした。

ところが、福島の事故後、すべてのエネルギー計画は白紙に戻りました。

現在ではこの原子力の部分が化石エネルギーに置き換わっています。

ですから現在の日本の電力の九〇%が石炭、石油、LNGなど化石燃料を燃やす火力発電に置き換わっています。

その化石燃料の大部分を日本は世界から輸入しています。

エネルギーは生活、産業に不可欠なだけではなく、国を維持するための重要な戦略物資でもあります。

太平洋戦争も、東南アジアの石油を含む天然資源の獲得が大きな原因となりました。

現在も世界の紛争の火種の多くは、中東の石油をめぐるものだとも言われています。

日本の原発が停止して代わりに輸入する化石燃料などの代金が、年間三兆円あまり増えたと言われています。

東日本大震災後、政府の再生可能エネルギー買い取り政策により、太陽光発電、風力発電が著しく伸び二・二％にまでなっています。

今後も、これらをどんどん伸ばしていこうという計画です。

しかし、その買い取り価格があまりに高かったので電力会社の負担となり、電力料金の値上げにつながっています。

再生可能エネルギーは、原発事故前までは一・一％程度でした。

そして事故後（二〇一四年）に出した二〇三〇年までの目標は二一五％です。

しかし、電力は供給量とともに、その質も問題になります。

つまり、生成電力が安定しているかどうかということです。

僕たちが灯りや冷蔵庫などの家電で使う分には、多少の電圧変化があっても問題はありません。

しかし、精密機器を動かしたり、極度の精密さが要求される製造ラインにおいては、わずかな電圧変化が致命的になることもあります。

二〇一〇年、三重県で瞬時電圧低下が発生しました。〇・〇七秒間の約五〇％の電圧低下で、ある家電メーカーではクリーンルームの空調設備が止まり、一部の生産ラインが停止したのです。その結果、百億円程度の減収になったとも言われています。

自然エネルギーは残念ながら安定した電源であるとは言えません。

太陽光には昼と夜があり、曇りも雨の日もあります。また季節や一日の太陽高度や雲の流れによっても、その出力は著しく違ってきます。やはり一度蓄電池に保存して、それを使うのが理想的なのです。風力も風の強弱や季節によって、また一日の時間帯でも違ってきます。

太陽光発電や風力発電などの再生可能エネルギーの研究は今後も続けていくべきだと思います。そして、もっと増やしていくべきエネルギー源です。科学技術の発達とともに、どちらもより高性能、高出力でより安い装置ができると信じるからです。

ただ、例えば太陽光発電の場合、夜はどうするのか、あるいは曇りの日や雨の日はどうするか。同様に風力発電についても、風が足りなければ発電できません。こうした基本的なことも考慮しなければならないのです。

太陽光発電、風力発電とも、メリットはまず一度設置すれば燃料費がいらないことです。そしてCO_2を出さないことです。デメリットとしては、エネルギー密度が低いことと、自然条件に左右され安定電源となりにくいことです。

また水力に関しては、『黒部の太陽』（一九六八年）という映画で知られる黒部ダムを例に取ると、最大出力で三十三万ｋＷ程度です。つまり原子力発電所一基当たりを百万ｋｗとすると、その三分の一ぐらいにしかならないわけです。

ですから、水力発電もエネルギー密度はあまり高くはないということです。定常的な電源にはなりえますが、量的に非常に少ないと言えます。さらに最近は自然破壊という観点からも問題になっています。

❷火力発電は地球温暖化を加速する一因に

春先になると近畿地方の空は霞《かす》み、車のボンネットは黄色い砂に覆《おお》われます。これ

【12】主要国の電源別発電電力量の構成比

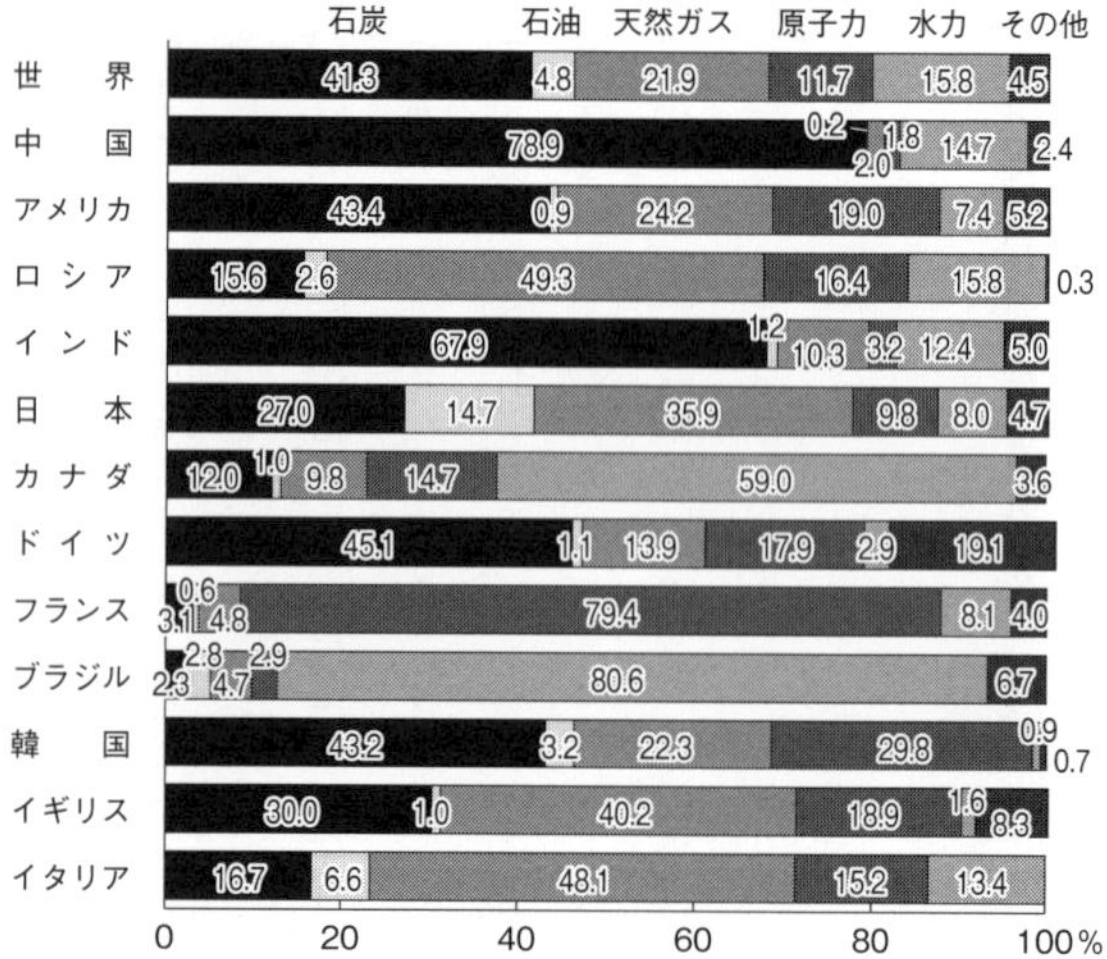

注：2011年のデータ
資料：電気事業連合会

は、中国から飛んでくる黄砂によるものです。

さらに最近はＰＭ２・５が飛んできます。ボイラーや焼却炉、工場などから出るススや煙、自動車の排気ガスなどに含まれる微小粒子状物質です。もちろん火力発電所から出る煙にも含まれます。

【12】のグラフによると、世界では発電の四一・三％が石炭、四・八％が石油、二一・九％が天然ガスと、発電の約三分の二に化石燃料が使われています。

特に中国は七八・九％が石炭で

す。使われている石炭も質のよいものではないと聞いています。品質の悪い石炭、石油を燃やすと硫化物、窒化物を含む有毒ガスが多く出ます。日本でも過去に大きな問題となった光化学スモッグです。

中国ではこうした火力発電所や工場の煙突から出る汚染物質が、北京などの大都市の自動車の排気ガスと一緒になり、ＰＭ２・５となって日本にまで飛んでくるのです。

発展途上国は今後、急激に膨大な量の電力を必要とします。火力発電所がますます増えるに違いありません。そうなると、大気汚染が進むとともに、二酸化炭素が増え、地球温暖化を加速する一因ともなります。

次ページの【13】のグラフは、皆さんも見たことがあると思います。

各種電源のライフサイクルCO_2排出量（メタンを含む）です。

発電所で燃料を燃やすときに出る二酸化炭素ばかりではなく、発電所の建設、燃料の採掘や輸送まで含めた運転時に出る二酸化炭素の量を算出したものです。原発についでは廃炉の過程で排出される二酸化炭素の量も含まれています。

最も多くの二酸化炭素を出す発電は石炭火力発電で、一ｋＷｈの電気を生み出すのに

【13】各発電が出す二酸化炭素

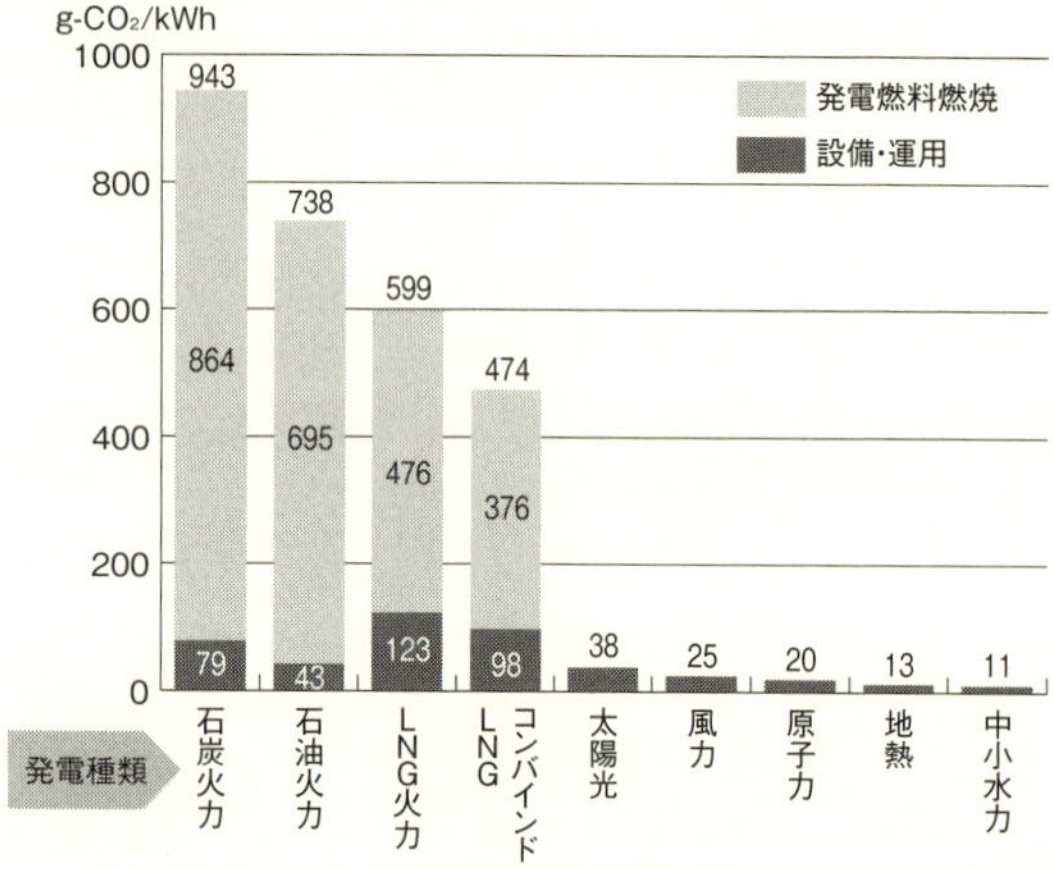

注1：1kWh当たりのライフサイクルCO_2排出量
注2：発電燃料の燃焼に加え、原料の採掘から発電設備等の建設・燃料輸送・精製・運用・保守等のために消費されるすべてのエネルギーを対象としてCO_2排出量を算出
注3：原子力については、現在計画中の使用済み核燃料国内再処理・プルサーマル利用（1回リサイクルを前提）・高レベル放射性廃棄物処分・発電所廃炉等を含めて算出したBWR（19g-CO_2/kWh）とPWR（21g-CO_2/kWh）の結果を、設備容量に基づき平均化した
資料：電気事業連合会

九百四十三グラムの二酸化炭素を出します。次に、石油火力七百三十八グラム、LNG火力五百九十九グラムと続きます。

最近話題になっているLNGコンバインドサイクル発電はガスタービンと蒸気タービンを組み合わせて、高熱効率、低二酸化炭素排出を達成した火力発電ですが、四百七十四グラムの二酸化炭素を出します。

原子力は二十グラムです。

原子力発電や太陽光、風力などの自然エネルギーでは、運転

【14】日本での石油の使われ方

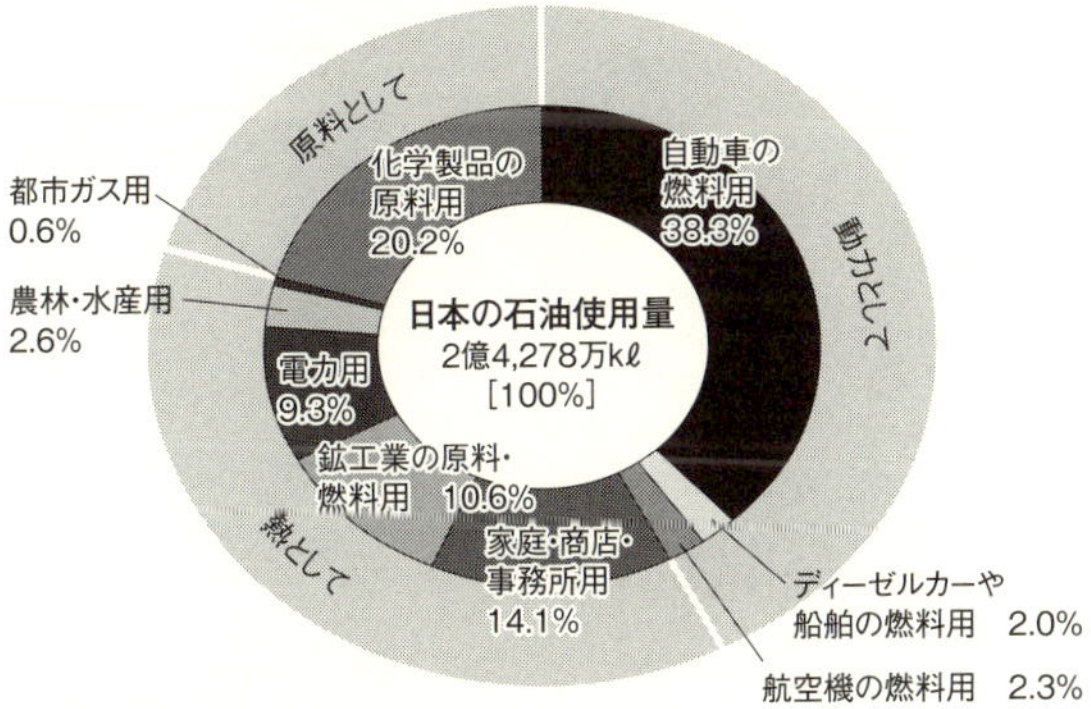

注：LPガス・原油を含む
資料：鹿児島県石油商業組合

時には二酸化炭素は出ません。ただ、発電所の建設にお金がかかります。

石炭火力発電は原子力発電の四十七倍の二酸化炭素を排出することになります。

こうした点からも原子力は、これから人口、工業生産が爆発的に伸び、使用電力が増える発展途上国にとって、重要なエネルギー源として計画されています。

❸埋蔵量が限られる資源は確保しておくべきだ

【14】の円グラフは日本での石油の使われ方です。

電力を生み出す資源には石炭、天然ガスなどいろいろありますが、石油も大きな割合を占めています。

【15】世界のエネルギー資源確認埋蔵量

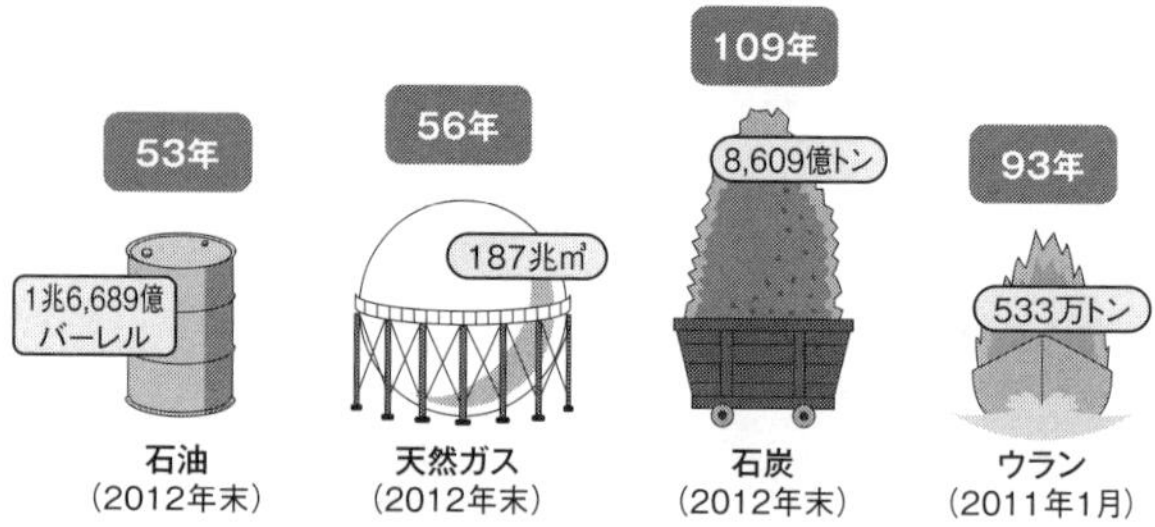

注1:可採年数＝確認可採埋蔵量／年間生産量
注2:ウランの確認可採埋蔵量は費用130ドル／kgU未満
資料:電気事業連合会

さらに石油はガソリンや重油、軽油、灯油などに精製して燃やしてしまうばかりではなく、化学製品の原料用、家庭・商店・事務所用、鉱工業の原料・燃料用など、様々な用途に使われます。いま僕が使っているパソコンも座っている椅子も、絨毯《じゅうたん》やデスクなども石油製品ですし、身の周りにある非常に多くの製品が石油でできています。

電力用に使われている石油は、わずか九・三％にすぎません。それでも膨大な量になります。

ですから、石油は火力発電所で燃やすばかりが能ではありません。

「石油がなくなったらエネルギー資源を太陽光、風力などの自然エネルギーで補えばいい」という考え方はまったく現実を無視したものです。

【16】100万kWの発電所を１年間運転するために必要な燃料

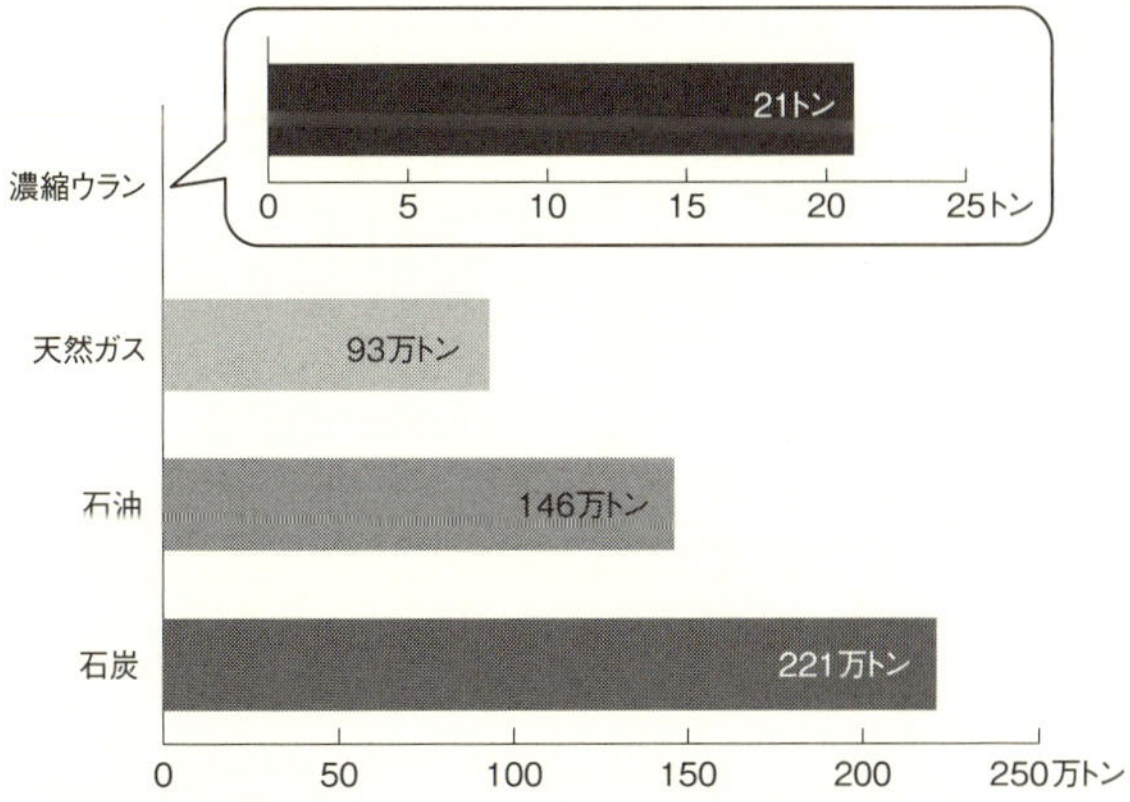

資料：電気事業連合会

石油からは各種の化学製品が生み出されているのです。

石油がなくなるということは単に燃やす物質がなくなるというより、石油から作られている身の周りのものがなくなるということです。

また現在のところ、電気自動車はあっても電気飛行機、電気船はありません。石油から抽出される燃料を使うしかありません。

ですから、長い目で見ると、石油は確保しておかなければならないものです。

右の図【15】は世界のエネルギー資源確認埋蔵量です。ウランもけっして多いとは言えませんが、核燃料サイクルを利用すれば数十倍に伸びます。ただし問題点も多く、それについてはあとで述べます。

埋蔵量が限られている資源は、燃やして消費するよりはできる限り、代替のきかない用途に使用すべきです。

前ページの【16】のグラフは、出力百万ｋＷの発電所を一年間運転するために必要な各発電別の燃料の量です。

原発で使う濃縮ウランであれば、二十一トン。石炭は二百二十一万トン、石油は百四十六万トン、天然ガスは九十三万トンが必要です。

濃縮ウランは同じ量の石炭の十万倍以上、石油の約七万倍のエネルギーを生み出すのです。

一度燃料を装塡《そうてん》すれば、数年間は核燃料の交換が必要ありません。

こうした意味からも原発は造りさえすれば、便利なものなのでしょう。

❹再生可能エネルギーの未来はバラ色ではない

東日本大震災以来、循環型エネルギー、つまり自然エネルギーが注目されています。

太陽光、風力、地熱、潮流などを使った様々な自然エネルギーの方式があります。山あり、海あり、川あり、火山ありの日本は多くの可能性に満ちています。

世界の趨勢《すうせい》としては、太陽光と風力が有力です。

そのどちらも小説で書いたことがあるので多少の知識はありますが、専門家ではありません。

一定の風力が必要な風車は、国土の狭い日本では造る場所が限られます。

しかし、太陽エネルギーは地球上に等しく降り注いでいます。

燦々《さんさん》と照りつける太陽光から取り出すエネルギーは、雄大でロマンに溢《あふ》れています。

日本でも「固定価格買取制度」が実施され、企業がメガソーラーを計画し、すでに稼働しているところも多くあります。

この制度は電力会社が太陽光を含めた再生可能エネルギーを一般使用の電力より高い価格で買い取る法律で、事業者を増やすには大いに役立ちます。事実、この制度が始まってから、太陽光発電の導入量の年平均伸び率は、二六・一％から六四・三％へと著しく伸びています。

ただし、この買い取り価格も最初の一ｋＷｈ＝四十二円から三十二円へと引き下げられ、今後も見直しが考えられています。

そして最後には、電力料金の値上げという形で消費者に跳ね返ってきます。買い取り費用は電力料金に上積みされ、広く国民から徴収するからです。

太陽光発電はまだ開発途上の技術で、ソーラーパネルは安くはなりましたがまだ高価で、効率もさほど高くありません。やはり政府の強力な援助が必要なのです。

そして前に述べたように、その不安定さからベース電源にはなりえません。


現在の日本の多くの国民の意向は「脱原発」路線と言って間違いないでしょう。

その代わりとなるのは再生可能エネルギーだと考えられています。

しかし、太陽光発電も風車も、一部の人たちはバラ色の未来のごとく語っていますが、問題は山積みです。

福島の原発事故前までは原発という大容量の安定電源があって、その上にLNGや石油の火力発電という出力の調整がしやすい電源を乗せていました。原発は大容量、高密度のエネルギー源ではありますが、出力を小まめに変えるには適していません。原発が稼働し始めると二十四時間、定常運転を続けるのが原則です。

そして二〇一二年、原発ゼロの状態になり、ベースとなる電力が火力発電になりました。

その折には、各家庭や社会の省エネはもとより、計画停電、工場の操業時間の制限、電力料金の値上げと、まさに日本社会が一丸となって電力の維持に努めました。

しかし、化石燃料、石油や天然ガスの輸入のため、年間三兆円あまり燃料費が増えたと言われています。

火力発電は石炭、石油、ＬＮＧを大量に使います。小山のように積まれていた石炭が数日でなくなり、ＬＮＧタンク数基が一週間でカラになります。

それらは燃やされて、熱を出し水を沸騰させ、蒸気を出してタービンを回し、電気を生み出すのです。それは原発と同じで原理です。しかし問題なのは、大量の二酸化炭素も生み出すことです。

さて、政府の固定価格買取制度により、メガワット級の電力を生み出す太陽光発電所が日本の各地に造られ始めました。

太陽光発電は日照時間が長く日差しの強い夏場、最も大量の電気を生み出します。

しかし、夜の発電量はゼロです。つまり、一日の半分は止まっているのです。雨の日はゼロですし、曇りの日も限りなくゼロに近づきます。日照時間の短い冬場、あるいは梅雨の季節になると、その発電量は落ちます。

風車は風さえ吹いていればいつでも発電はできますが、日本では年間を通して十分な風量がある場所は限られます。

季節によっても、一日のうちの時間帯によっても風量は変わります。こうした電源で、一年中、一日中、定常的な電気を全国に供給し続けることはムリな話です。

要するに基幹電力にはなりえないものなのです。

こうした不安定な自然エネルギーを大量に通常電力に組み込むには、やはり一度、蓄電池に貯めて放出する必要があります。そのためには、新エネルギーの開発とともに大容量で安価な蓄電池の開発も同時に行わなければなりません。

ちなみに、再生可能エネルギーの先進国であるドイツは、新エネルギーが全体の二〇%に達したと言われましたが、やはり頭打ちになっているというのが現状です。

再生可能エネルギーの割合が三〇%前後でやっている国もいくつかありますが、国の規模としてはかなり小さく、グアテマラ、エルサルバドルなどのまだ工業生産が十分ではない発展途上国です。

人口の少ない農業国であるデンマークのように、ヨーロッパでも小さな国は再生可能エネルギーの割合を高めることができますが、工業規模が大きくなると非常に難しいと思います。

再生可能エネルギーのメリットは多くありますが、デメリットは、出力が非常に小さいことと不安定だということです。

結局は、大容量で安い蓄電池の開発がどうしても必要です。一度、蓄電池に貯めたものを一定量ずつ、出し続けるということです。現在、蓄電池の値段はまだ非常に高いのが問題です。

再生可能エネルギーを有効に使うためには、地産地消、スマートグリッド（次世代送電網）という考え方を取り入れて進めるのがよいと思います。

数年前、日本でも最大級のメガソーラーを見学する機会を得たことがあります。

中部電力のメガソーラーたけとよ（愛知県知多郡武豊町）

愛知県知多半島の根っこ、伊勢湾に面した所です。

敷地面積十四万平方メートル。発電出力は七千五百ｋＷ。これは一般家庭約二千世帯分の年間使用電力量に相当します。

上の写真のように、広大な敷地に太陽に輝く約三万九千枚のソーラーパネル群は壮大で美しい眺めでした。しかしこのメガソーラーでさえ、年間発電電力量は百万ｋＷ級の発電所の八時間稼働分程度にしかならないのです。

難点はやはり発電量が小さいことです。発電密度が低いのです。一般家庭用の屋根やビルの屋上に取り付けるソーラーパネルは二〜四ｋＷの発電能力を持ったモノです。

メガソーラーといわれるものは、一千ｋＷ以上の発電能力を持つもので、十万ｋＷのメガソーラー発電所を造るには約二百九十万平方メートル、甲子園球場約二百個分の土地が必要となります。

とはいえ、太陽から地球全体に照射される太陽エネルギーは、現在地球で使われているエネルギーの五十倍とも言われています。ゴビ砂漠にソーラーパネルを敷き詰めれば、太陽エネルギーだけで全地球の消費エネルギーを賄えるという計算もあるくらいです。

かなりＳＦっぽい話ですが、宇宙に巨大なソーラーパネルを打ち上げて、太陽光エネルギーをマイクロ波やレーザー光に変換して、地上で受け取り、それを電気に変換するという壮大な構想もあります。

そうなれば、昼も夜もなく、日照時間も関係ありません。しかし残念ながら、まだ遠い夢の技術です。

❺世界中の人がカナダ人並みに電力を使ったら

ではもう一度、世界の年間一人当たりの電力使用量（P.59のグラフ【7】を参照）について考えてもらいたいことがあります。日本人は中国人の二・四倍、カナダ人はインド人の二四・四倍の電気を使っています。

世界における人口割合では五％にすぎないアメリカが、世界の電力使用量の二〇％を占め、人口割合一八％のインドは電力を四％しか使っていません（P.56の円グラフ【4】を参照）。

さらに、【9】の世界地図（P.63を参照）によると、北アメリカの電化率は九〇％に達していますが、アフリカ中南部の場合は二六％しか電化が進んでいません。

世界には日本や欧米諸国並みの電力使用にはるかに及ばない、電灯もなく、冷蔵庫も使えず、テレビを観ることもできない国や地域がまだまだたくさんあるのです。そして、彼らもまた欧米、日本並みの生活を望んでいます。

世界の大部分の人たちは世界平均以下の電力しか使っていないのです。

これは誰が見ても不公平です。さらに怖いことでもあります。

中国の人口は約十三億人で日本の十倍。インドの人口も十二億人を超えています。

中国やインドなど多くの人口を抱える新興国の人たちが、日本やアメリカ、ヨーロッパ並みにエネルギーを求めると、世界のエネルギー情勢は五年、十年単位で大きく変わっていきます。

世界中の人がカナダ人並みに電力を使ったらどうなるでしょう。

カナダ人は年間一人当たり一万六千四百六ｋＷｈの電気を使用しています。それを七十億人の人が使うわけです。そうすると、世界では、現在の約五・六倍の電力が必要になります。

また世界中の人がアメリカ人並みの生活を送ると、約四・五倍の電力が消費されます。同様に日本人並みの生活を望むと、電力は約二・七倍となります。

逆に、世界の人がインド人並みの生活を送れば、使用電力は〇・二三倍。約四分の一でいいわけです。日本人がインド人並みの電力使用量だと、現在の八・六％ですみます。しかしエアコン、冷蔵庫はおろか、電灯も十分には使えないでしょう。

一度知った生活の質を落とすということはムリな話です。

そうなると今後、エネルギーの絶対量が完全に足りません。

必要とされる電力量を石油、石炭、天然ガスなどの化石燃料に頼れば、枯渇《こかつ》はかなり早まります。

太陽光、風力などの再生可能エネルギーでは絶対量が足りません。

エネルギー密度が高く、二酸化炭素を出さない原子力は有力な選択肢の一つなのです。新興国が原発を建設するのを僕たちは非難することはできません。

そして現在、積極的に原発輸出に動いている国はロシアと韓国です。最近ではそれに中国が加わっています。

今後、地球温暖化もますます加速されます。

そうした状況を考えると、日本一国の視点で原発の賛否を論じるだけではダメで、世界的なスケールで物事を考えなければ、日本も世界も成り立たない状況になります。

しかしながら、その危険性、世界の原発で溜まり続ける放射性廃棄物の問題は残されています。それに関しては次の章で述べたいと思います。

この世界における原発建設の流れが止まらないのであれば、福島で原発事故は起こりましたが、原発技術が世界的に優れている日本が、韓国やロシア、そして中国任せにするのではなく、むしろ積極的に関わるべきだと思います。

その過程で、福島の事故を教訓として原発の危険性を説き、再生可能エネルギーの開発と導入に力を注ぐべきだと思います。

今後重要なのは、エネルギーは日本一国ではなく、世界レベルで考えなければダメだということです。

世界人口七十億人の中で日本人は一億三千万人にすぎません。

世界の多くの人たちは、まだ十分にエネルギーの恩恵を受けていません。そういう人たちにも、僕たちと同じようにエネルギーを使う権利はあるということです。

僕は自然エネルギーの研究開発も非常に重要だと考えています。できれば、日本が先頭に立って進めてほしい。また、その技術力もあると思います。

同時に原子力や火力など従来型の発電方法、さらに発電と送電のシステムを今より効率よく改良していくことも、非常に大切だと思います。

(3)世界の原発ラッシュと日本

❶新興国にとっては魅力ある発電

さて、もう一度世界に目を向けてみましょう。

日本では少子高齢化が大きな問題になっていますが、世界的に見れば人口は増え続けていることは前に述べました。特に発展途上国は、人口増加とともに工業発展も著しいものがあります。

世界の人たちは等しく豊かな生活を望み、各国は国民の要求に応えるために産業の発展に力を尽くします。そのためには現在の何倍ものエネルギー、つまり電力を必要とします。

そのことに対して、僕たち日本人は、ノーと言うことはできません。

左の地図【17】は、東日本大震災での原発事故前の世界における原発の建設計画です。

【17】世界の原発建設計画

2030年までに、現在の430基から計800基へと倍増

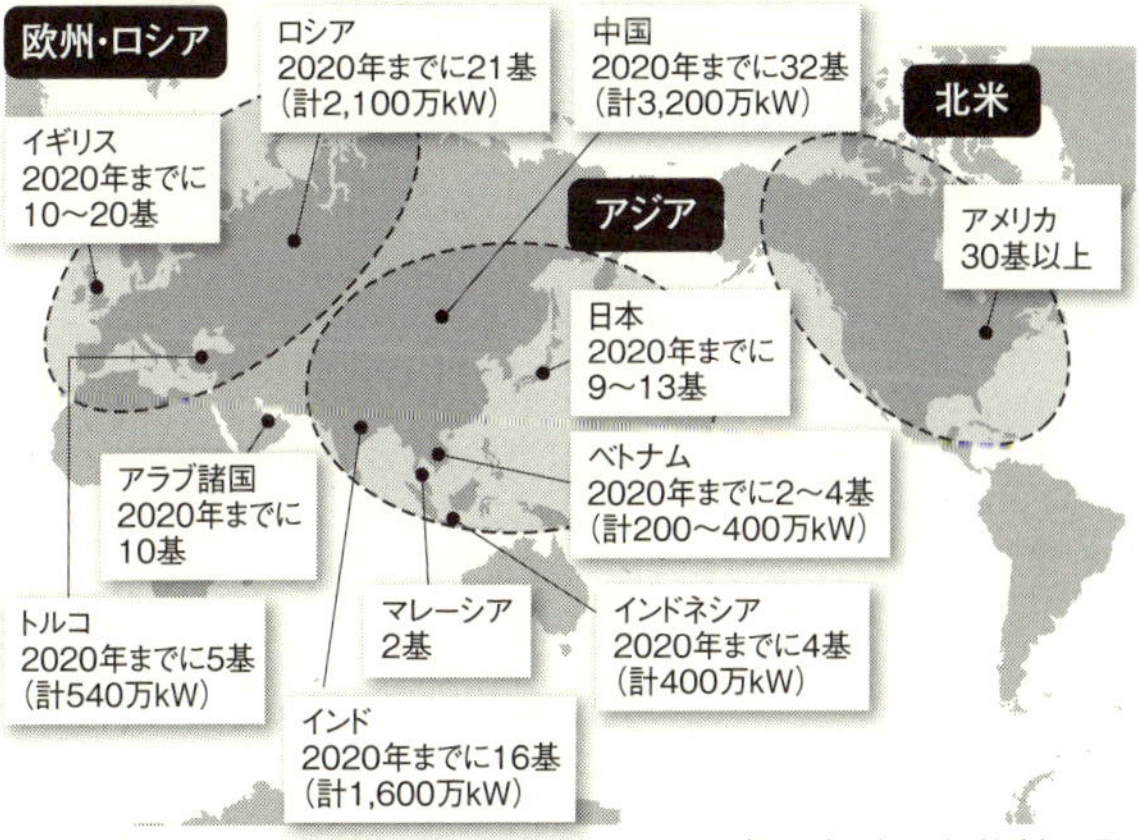

注：東日本大震災前、2010年時点の計画。アメリカはNEI（原子力エネルギー協会）の予測
資料：北海道エナジートーク21

日本は九〜十三基でしたが、新しく考え直さなければならないでしょう。

世界はどうでしょうか。

中国は二〇二〇年までに三十二基の原発建設を計画していたことになります。

トルコは五基、石油資源の豊富なはずのアラブ諸国も十基。インドは十六基の計画がありました。

前のグラフ【7】（P.59を参照）で見たように、インドは一人当たりの電力使用量では世界平均の四分の一以下、日本の十一分の一以下でした。そういう国の人たちが「日本人並みの生活を送

らせろ」と言ったとき、それを否定することはできません。原発は危険だから造るなとは言えないわけです。そして世界にはインドより貧しく、電力を必要としている国はまだ多くあります。そうなると、エネルギーについてもう少し大きな視野で考えていく必要があります。

さらに、二〇三〇年までに中国、ベトナム、インドネシアなどアジアで二百基以上、世界では現在の約四百三十基から八百基への増設計画があります。

日本の動向にかかわらず、世界は原発建設に動いているのです。

原子力発電の利点として、そのエネルギー密度が桁《けた》外れに大きなことが挙げられます。二酸化炭素を出さず、建設さえすれば他の発電より燃料費が安く、維持費が安い原発は、新興国にとっては魅力ある発電なのでしょう。

たとえばベトナムを例にとると、二〇三〇年までに百万kW規模の原発十基の建設計画を進めています。

ベトナム国内の電力需要は二〇二〇年まで年率で一〇%ずつ増加し続けるとの予測

で、電力供給は逼迫《ひっぱく》しつつあります。現在のスピードで近代化を図ればそうなるのでしょう。現在でも突然の停電はよくあると言います。日本に住む僕たちは台風でも来ないかぎり、停電はほとんど経験しなくなりました。

現在、ベトナムは総発電量の三〇％を水力、六〇％を火力に頼っています。しかし水力発電所を建設できる水域は少なくなり、また火力発電も資源価格の高騰や環境問題を考慮して増設は難しいようです。

原発建設計画は、そうした将来の電力不安を見越して進められています。

原発輸出に関しては、韓国の李明博《イミョンバク》前大統領、ロシアのプーチン大統領、さらにフランスのサルコジ前大統領といった各国の首脳たちが走り回って、トップセールスを行いました。

このとき、フランスはルーブル美術館別館の建設、ロシアは原子力潜水艦のオマケを用意したとも言います。韓国もＵＡＥ（アラブ首長国連邦）の原発を受注したときのように大幅なダンピングを行なったとも聞いています。

そしてその結果、第一期の原発はロシアが受注しました。

日本は各電力会社、そして原子力機器メーカーが出資して作った国際原子力開発㈱が窓口となり、本格的に原子力輸出ビジネスに参入しようとしていたところでした。しかし、福島第一原発の事故で中断していたのです。

さて、そうした中でビンハイ地区の「第二発電所」はなんとか日本が受注しました。ベトナムは近隣諸国に比べて地震の発生は少ないとされています。

しかし国連の調査団が行なった調査によると、マニラ海溝でマグニチュード8以上の地震が起きた場合、発生から二〜三時間でベトナム中部沿岸を津波が襲うという結果が出ています。日本は東日本大震災で地震と津波に対して多くの経験と教訓を得ました。何が悪かったのか、どこが危険か、どうすれば事故が防げるかのノウハウは十分に学び、対策を取ってきました。

こうした地震と津波への対策も考慮されている日本の原発は、他国のものより優れていると思うのですが。

❷未来の科学技術の芽をつみ取るな

原発自体にも、新たな技術革新が起こるでしょう。

現在、いくつかの新しい原子炉が研究開発されています。

東芝は「４Ｓ」という燃料交換なしで三十年間稼働できる、一万ｋＷ規模の小型原子炉をアメリカで着工予定のようです（次ページの図⑱を参照）。

このナトリウム冷却高速炉は、緊急時には人的操作がなくても自然に炉停止・除熱を行うという、自然現象を活用した安全設計になっています。万が一の事故時にも影響が出るのは半径二十メートル程度という小型原子炉のようです。

また「進行波炉（ＴＷＲ）」というのは、ビル・ゲイツ氏が実質的なオーナーであるテラパワー社が開発を進めている新型原子炉です。

劣化ウランを燃料に使った、燃料補給なしに最長百年間、稼働可能な次世代原子炉です。

そして、さらなるフェール・セーフ、フール・プルーフ機能の充実を図り、より安全な原発を造ることも可能です。

フェール・セーフとは転倒すると自動的に消える石油ストーブのように、起こったト

【18】新型原子炉「東芝4S」

◆原子炉のシステム構成

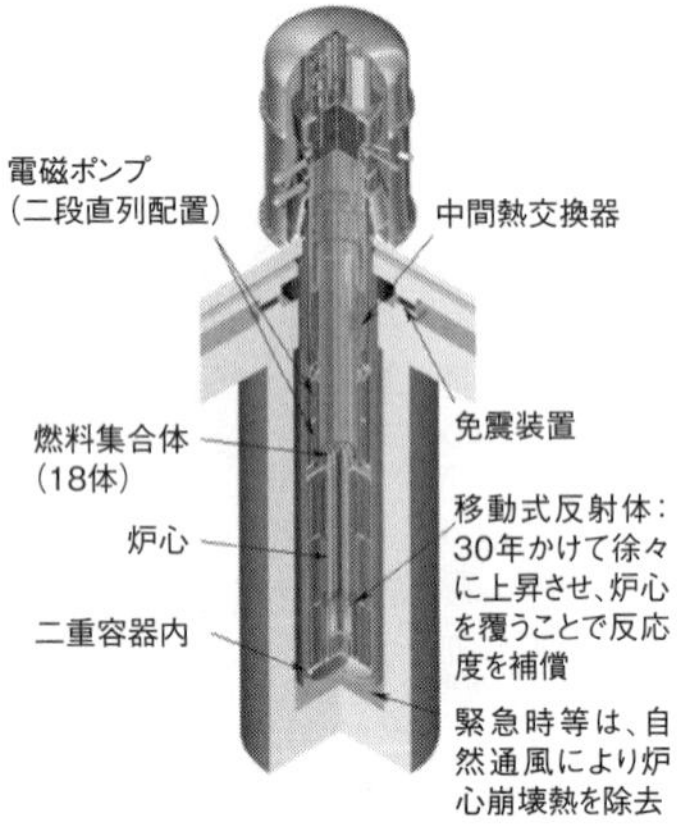

資料：東芝

ラブルが大きなトラブルに発展しないような設計であり、フール・プルーフとはギアがドライブに入っているときはエンジンがかからない自動車のような設計で、使用者が間違った操作をしてもトラブルを回避できる設計のことです。

こうした技術が現実のものとなれば、日本での原発復活も夢ではないでしょう。

大切なことは、そうした未来に向けての科学技術の芽をつみ取らないことです。そして時々立ち止まって過去と現在を見直し、あの大きな悲劇を後に伝えていくことではないでしょうか。それによって、あとは未来の人が未来の科学技術と知恵を駆使して解決していけばいいのです。

そして究極のエネルギー源は、核融合です。つまり「地球上に太陽を創る」ことです。

次世代型の原子力発電で、僕は昔、この核融合の研究開発に関わっていました。

現在、フランスで国際熱核融合実験炉（ＩＴＥＲ）という装置を、世界の国々がお金を出し合って造っており、日本も深く関わっています。

二〇六五年には地球上の人口は百億人に達すると言われています。

その人々が日本などの先進国と同様に豊かで便利な生活を送るためには、様々なエネルギー源を模索しておかなければなりません。

第3章 どうする、核廃棄物

(1)最終処分地をめぐって

❶核廃棄物とは何か

核燃料は原子炉で二年から三年かけて燃やすと核分裂が起こりにくくなり、使用済み核燃料になります。

使用済み核燃料には、取り出せば資源として再利用できるウラン、プルトニウムが多く含まれています。

この使用済み核燃料は、原子炉から取り出した後も原子の崩壊熱を出しているので、原発内にある貯蔵プールで三年から五年かけて冷却されます。

左の図【19】は、国が描いている核燃料サイクルです。

各地の原発から出た使用済み核燃料は再処理施設に送られます。

燃料棒は裁断され様々な工程を経て、再利用できるウランとプルトニウムが取り出さ

【19】国の描く核燃料サイクル

◆プルサーマルのしくみ

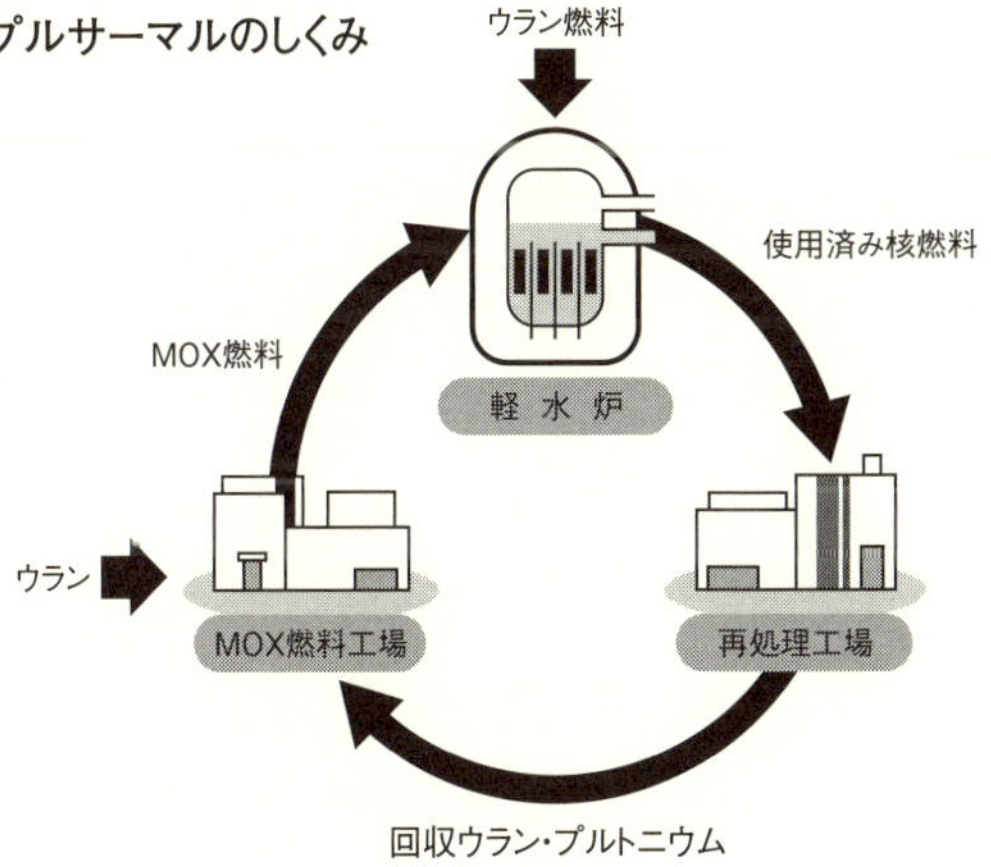

注：プルサーマルとは、軽水炉でMOX燃料を使用する方式
資料：電気事業連合会

れます。

残りは、核分裂生成物を主成分とする極めて強い放射線を出す廃棄物です。これはガラスで固めてガラス固化体とします。ガラスは水に溶けにくく、化学的に安定しているからです。

取り出したウランやプルトニウムは新たな燃料として、ウラン燃料やＭＯＸ燃料に加工され、再び原子炉で燃料として使われます。さらにプルトニウムは、高速増殖炉で使われます。

こうして使用済み核燃料を再処理して軽水炉の燃料として再利用する方式を、プルサーマルといいます。

さて問題は、高レベル放射性廃棄物のガラス固化体です。ガラス固化体は固化ガラスを高さ約一千三百四十ミリ、外径約四百三十ミリ、厚さ約五ミリのステンレス容器に入れたものです。

このガラス固化体の処分が、現在、原発を所有する国の大きな問題となっています。百万kWの原発を一年間運転すると、ガラス固化体が約三十本出ます。

このガラス固化体は、極めて強い放射線を出します。その半減期が数万年レベルのものもあるのです。さらに二百度ほどの熱も出しています。

そのためガラス固化体は、中間貯蔵施設で三十年から五十年間、冷却されます。その後、三百メートルより深い地下に永久的に埋める「地層処分」が有力とされています。

これが現在、世界で進められている最終処分の方法です。

有名なのはフィンランドのオンカロという施設で、二〇二〇年頃までに深度約四百二十メートルに掘られた施設に埋め込みます。アメリカではネバダ州での処理が計画されています。

日本でも計画が進んでいますが、最初の段階からうまくいっているとは言えません。

各原発に保存されている使用済み核燃料を再処理のために運び入れる施設、青森県六ヶ所村の「日本原燃㈱再処理工場」がたび重なる工期変更で、運転を開始していないのです。

そのため、使用済み核燃料はまだ全国の原発や六ヶ所村のプールに貯蔵されたままになっています。その総量は一万七千トンとも言われ、いくつかの原発では、そろそろ満杯状態になっています。

現在はその使用済み核燃料を再処理まで保管しておく、「中間貯蔵施設」の場所探しを行なっています。青森県むつ市には、中間貯蔵を担う「リサイクル燃料備蓄センター」が建設中です。

使用済み核燃料は、次ページの図【20】のように輸送兼貯蔵用キャスクに入れられ、中間貯蔵施設に保管されるのです。

さて、ここで問題がいくつかあります。

一つは「核燃料サイクル」の要《かなめ》である青森県六ヶ所村の再処理工場がまだ稼働していないということです。つまり再処理ができないのです。

【20】輸送兼貯蔵用キャスク

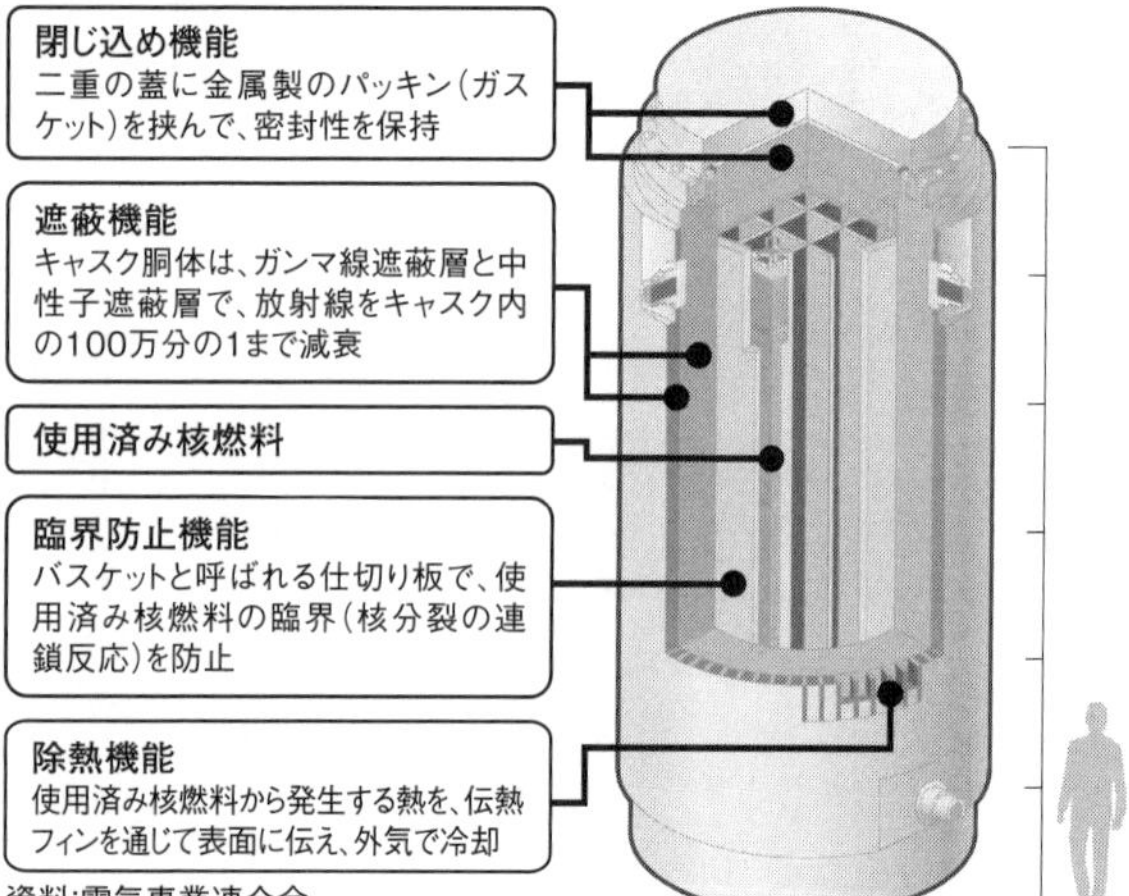
閉じ込め機能
二重の蓋に金属製のパッキン（ガスケット）を挟んで、密封性を保持
遮蔽機能
キャスク胴体は、ガンマ線遮蔽層と中性子遮蔽層で、放射線をキャスク内の100万分の1まで減衰
使用済み核燃料
臨界防止機能
バスケットと呼ばれる仕切り板で、使用済み核燃料の臨界（核分裂の連鎖反応）を防止
除熱機能
使用済み核燃料から発生する熱を、伝熱フィンを通じて表面に伝え、外気で冷却

資料:電気事業連合会

加えてプルトニウムを燃料にして、使用した燃料以上の燃料を生み出す高速増殖炉「もんじゅ」の開発がうまくいっていないことです。

さらに、ＭＯＸ燃料を使用するプルサーマルも実施が広まってはいませんでした。核燃料サイクルがまったくつながっていないのです。

今まで再処理はフランスやイギリスに委託していました。そして、ウランやプルトニウム、さらに高レベル放射性廃棄物は返還されています。

現在、問題となっているのは、この返還された高レベル放射性廃棄物（ガラス固化体）と各原子力発電所で溜《た》まり続けている使用済み核燃料です。

各原子力発電所の中に、総計一万七千トンもの使用済み核燃料が溜まっているのです。

これらの最終処分地はおろか、中間貯蔵施設すら決まっていません。

核燃料サイクルを使わず、使用済み核燃料を直接、地中に埋める直接処分方式もあります。これは、ガラス固化体と同じように、使用済み核燃料を再処理せず廃棄物として処分するものです。

実際に穴を掘った実験施設が北海道と岐阜県に存在しますが、これはあくまで地中を掘って地層を調査・研究するためのものとされています。

❷「地層処分」と多重バックアップシステム

原発反対の理由の一つに、これらの核廃棄物の問題があります。

「増え続ける核のゴミの処分地も決まらないのに原発を続けることはできない」

これは原発に反対する人たちの大きな理由に挙げられています。

また、推進派も納得のいく答えを出せていません。「トイレなきマンション」と揶揄《やゆ》

【21】高レベル放射性廃棄物の地層処分の概念図

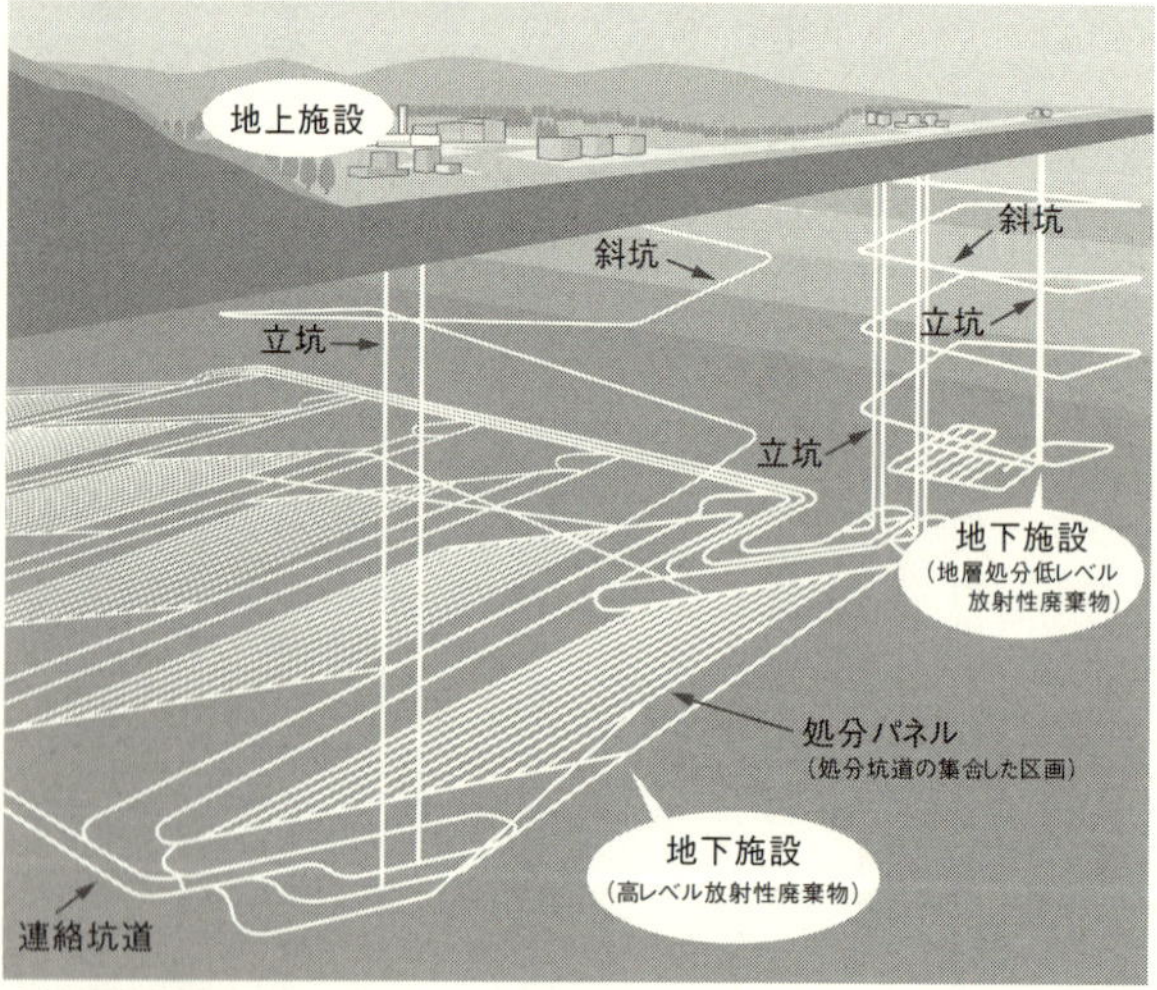

資料:電気事業連合会

される所以《ゆえん》です。

さて、ここで国が進めている「地層処分」について話しておきます。

図【21】は地下三百メートルより深部に掘られる、高レベル放射性廃棄物の地層処分の概念図です。

地層処分のメリットは次のようなことです。

地上に比べて地震、津波、台風などの自然現象による影響がほとんどない。

戦争、テロなど人間の行為による影響を受けにくい。

地下水の動きが極めて遅く、物質の移動が非常に遅い。

【22】高レベル放射性廃棄物多重バリアシステム

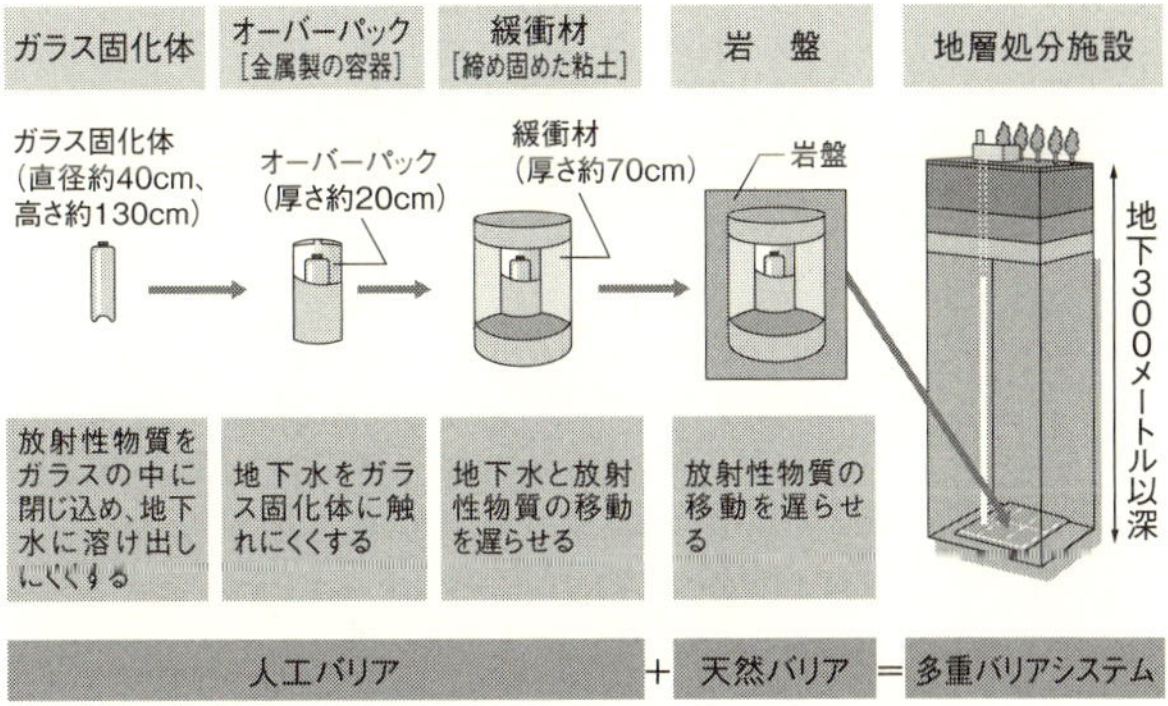

資料：原子力発電環境整備機構「放射性廃棄物を閉じ込めるしくみ」

酸素が極めて少ないため、錆《さび》などの化学反応が抑えられ、物質を変質させにくい。

このように地下深部は長期にわたり物質を封じ込めるのに適しているのです。

高レベル放射性廃棄物は、ガラス固化体として図【22】に示すように何重にも保護され、人工バリアと天然バリアで封じ込められます。

第一バリアとして、長期にわたって安定した性質を持つガラスを使います。高レベル放射性廃棄物を熱して液状にしたガラスと混ぜ、それをステンレス容器に流し込みます。これが冷えて固まったものをガラス固体化と言います。ステンレス容器は、厚さ約五ミリ、容量約百七十リットルあります。ガラス固化体は約二百度の熱を持っているため、地上の貯蔵管理施設で三十年から五十年の間、冷却されます。

第二バリアは、オーバーパックと呼ばれる金属製容器です。厚さ約二十センチ、重さ六トンの容器で、材質として炭素鋼、チタン、銅が候補に挙がっています。この中にガラス固化体を流し込んだステンレス容器を入れ、放射能レベルがある程度減衰するまで、地下水とガラス固化体の接触を防ぎます。

このオーバーパックで千年の遮蔽《しゃへい》を期待しています。

第三バリアは厚さ約七十センチの締め固めた粘土の緩衝材《かんしょうざい》です。オーバーパックはこの緩衝材で包まれます。この緩衝材は水を通しにくく、物質の移動を制御するなどの特性を持つ、ベントナイトという粘土を主成分としています。

第四バリアは、天然バリアとしての岩盤です。

ガラス固化体は放射性物質をガラスの中に閉じ込め、地下水に溶け出しにくくする。オーバーパックはガラス固化体の放射能レベルがある程度減衰するまでの間、地下水とガラス固化体の接触を防ぐ役割をします。

そして深い地下にある岩盤は、地下水の動きが非常に遅く、放射性物質は岩盤に染み込んだり、吸着されたりすることで、その移動がさらに遅くなるという働きがあります。長い年月の後、放射性物質が金属や粘土を通って染み出しても、地上への影響を何万年もの間、抑えると考えられているのです。

こうした多重バリアシステムの地層処分施設は、地下三百メートルより深いところに造られ、放射性物質が溶け出したとしても、人類の生活環境に影響を及ぼすまでには、相当な時間がかかり、それまでには放射線も十分に低くなるだろうという考えによっています。

おそらく、このように多重バリアシステムの高レベル放射性廃棄物の地層処分であっても、住民の納得は得られないでしょう。

では、どうすれば消極的にでも納得してくれるのでしょうか。

❸「忘れ去られるための施設」に廃棄していいのか

フィンランドでは二〇〇一年に最終処分地が決まり、実際に動き出しています。

『100,000年後の安全』という、ドキュメンタリー映画（二〇〇九年／デンマーク・

フィンランド・スウェーデン・イタリア）が世界で話題になりました。

処分のための施設「オンカロ」を扱った映画です。

オンカロはフィンランド南西部にあるオルキルオト島の地下四百二十メートルに建設された、高レベル放射性廃棄物最終処分場です。フィンランドは電力供給の六〇％を原子力にする計画を進めており、原発依存率の高い国です。

まず原発から出た使用済み核燃料は、原発内の貯蔵プールで四十年間保管されます。その後、オンカロに移して百年間保管します。

オンカロには四百〜四百五十メートルの深さを持つトンネルが二百本あり、その処分道の坑道の距離は四十キロに達します。総容積は二百万立方メートルで、九千トンの収容可能容量があります。

このトンネルは横にいくつも枝分かれしており、そこからさらに一定間隔で、直径約二メートル、深さ約八メートルの立坑が掘られています。ここに使用済み核燃料をおさめた金属製容器（キャニスター）を入れて、ベントナイト粘土で密封します。

キャニスターには使用済み核燃料を入れた鋼鉄製の筒状容器を十二束《たば》収納でき、これを銅製容器で覆《おお》う二重構造になっています。

この場所は、およそ十九億年前に形成された、厚さ六十キロに達する結晶質の安定岩盤であり、人間活動・気象・環境のいずれの影響も避けることができるという理由で選ばれました。フィンランドは、スカンジナビア半島全体を覆う古い地層の真ん中に位置しており、火山や地震活動はほとんどありません。

オンカロの稼働開始予定は二〇二〇年。二一〇〇年には事業を終了し、トンネルごと埋めて人間社会から隔離する計画です。

「地上の施設もすべて撤去して自然の状態にする。地上には何のマークも残さないので、誰もここに何かがあるとは気付かないだろう。忘れ去られるための施設を造るのだが、それでも一向に構わないと思う」

これは施設に関係する地質学者の言葉だそうです。

「忘れ去られるための施設」という言葉はズシンと胸に響きます。

しかし、本当にそれでいいのでしょうか。

オンカロの運営主体はポシヴァ社という企業ですが、ポシヴァ社が責任を持つのは最初の百年間だけです。処分費用は電気料金から積み立ててあるのだそうです。その後はフィンランド政府がすべての責任を負うという形です。

ポシヴァ社によると、六万年後に氷河期が到来し、厚さ二キロもの氷の重さで一帯が丸ごと沈むといいます。そして十万年後には氷が溶けて地層が再び持ち上がるため、断層や割れ目ができたりする可能性があります。しかしその頃には放射能は十分に減衰しており、また地層の深い部分にまで大きな変化はないということです。

❹何万年にもわたって封印しようとする試み

二〇一四年十一月。

行くと決まってから、ずっと「寒いぞ」と言われ続けてきました。コート、マフラー、帽子、手袋。そして雪用のウォーキングシューズ。でも、コートだけで十分。それも日が沈むまで必要ありませんでした。

十一月下旬。東京から約二時間、僕は稚内《わっかない》空港（北海道）に降り立ちました。空港から車で四十分あまり、ゆったりと続く丘陵の中、雪の残る一本道を走り続けま

幌延深地層研究センターにて（奥の人物が筆者）

した。

道の片側にはところどころに吹雪よけの柵。路肩には積雪時に道の端を示す矢印付きのポールが並んでいます。

両側に広がるのは牧草地。すでに刈り取りが終わり、牧草の入った円柱形の袋が積み上げられていました。

やがて展望塔とモダンな建物が見え始めます。数年前の記憶が甦《よみがえ》ってきました。ここに来るのは今回で二度目です。

日本原子力研究開発機構の「幌延《ほろのべ》深地層研究センター」です。

原発を運転するに当たり避けられない、高レベル放射性廃棄物の処分研究（堆積《たいせき》岩系対象）を行なっている施設です。

地下五百メートルまでトンネルを掘って、原発から出る高レベル放射性廃棄物を永久的に地層処分する。この施設の研究は原発で最も懸念されている問題の解決につながります。

前ページの写真は、そのトンネルの円部です。

ここでの研究は地下深部の地下水や地層の状況を調べることです。そして実際に、キャニスターに入った高レベル放射性廃棄物のガラス固化体を模したものを設置して様々な影響を調べる。そして、最終的には坑道ごと埋めてしまうのです。

特筆すべきは、このセンターは「研究」をする場所であって、実際に「処分」する場所ではないということです。

前述したように、地層処分とは人工バリアと天然バリアの二つのバリアで、高レベル放射性廃棄物を人体に無害となるレベルまで、何万年にもわたって封印しようとする試みです。

人工バリアは、高レベル放射性廃棄物をガラスと一緒に溶かしたガラス固化体、それを入れるオーバーパックと呼ばれる炭素鋼でできた円筒、さらにそれを包む粘土を主成分とした緩衝材のことをいいます。

自然バリアは人間活動や自然現象の影響を受けにくく、酸素がほとんどない地下深部の環境です。鉄の腐食やガラスの溶解などが起こりにくく、地下水の動きが極めて遅いのが特徴です。

この二つのバリアで、地下水との接触を可能な限り避け、放射性物質が溶け出すのを遅くします。科学的根拠に基づく最も安全な方法です。

研究者たちは北海道でも北端にある過酷な地で、こうした地道な研究を続けています。頭の下がる思いです。

日本では現在、北海道幌延と岐阜県瑞浪《みずなみ》の二カ所で、日本原子力研究開発機構による深地層研究が行われています。

幌延では堆積岩の研究、瑞浪では結晶質岩の研究です。

しかしいずれも、研究終了後には埋め戻すことになっているのです。

(2) 重要なのは「時間軸」

❶十万年先を考えることに意味があるのか

前述しましたが、数年前、『100,000年後の安全』という映画が話題になりました。前に説明した「オンカロ」を扱ったものです。小泉（純一郎・元首相）さんも観て、さらに実際に訪問もして、原発反対に意見が変わったようです。

残念ながら僕はまだ観ていませんが、原発から出た高レベル放射性廃棄物処分のドキュメンタリー映画です。それだけの時間がたたなければ安全なものにならないというのです。十万年。まさに気の遠くなる時間です。

今から十万年前というと、ホモ・サピエンス、ネアンデルタール人がアフリカを出て世界各地に広がり始めた時代です。マンモスがヨーロッパから北アメリカ大陸にまで生息域を広げていました。日本での最初の人類の痕跡が残っているのは金取《かねどり》遺跡で、八〜

九万年前と言われています。

そして、現代から十万年間がいま問題となっています。

その間には惑星衝突、太陽の異変、未知のウイルスによる人類滅亡、地球温暖化など、地球や人類が消え去るような出来事が起こるかもしれません。人類の存在、あるいは地球の存在自体を危ぶむに足る時間です。

万年単位の時間など、人間の想像を超えています。

千年、百年単位の時間すら予測は難しいのです。

二千年前、中東でキリストが生まれ、ヨーロッパはギリシャとローマを除けば「蛮《ばん》族」と呼ばれていた時代です。

日本には邪馬台国《やまたいこく》すら存在していません。

四百年前、日本は戦国時代から江戸時代への移行期で、武士が刀や槍《やり》を持って走り回っていました。

百年前、日本は明治時代。人力車が走り、人々は蒸気機関車に見とれていました。外国など、まだ遠い遠い世界でした。そして今は――。

その遠い過去の時代を生きた人たちが、二百年後、三百年後の私たちの生活を心配してくれたとしたらどうでしょう。その思いは有り難いが、どうか自分たちの幸せを第一に考えてくださいと願うばかりです。

同様に、僕たち二十一世紀に生きる者たちが、千年後、ましてや十万年後の人たちの心配をする必要があるのでしょうか。

❷百年後には百年後の科学技術と知恵がある

東日本大震災から半年後、気仙沼（宮城県）に行きました。荒野と化した町が続き、各所に高く積み上げられた瓦礫《がれき》の山がありました。人の姿はほとんど見られません。左の写真はそのときのものです。

そして四年後、やはり何もない町の跡が広がり、復旧とはほど遠い状態の町が多くあります。

僕は現在、神戸に住んでいます。一九九五年の阪神・淡路大震災のときも神戸にいて、神戸の復旧、復興の姿を見てきました。

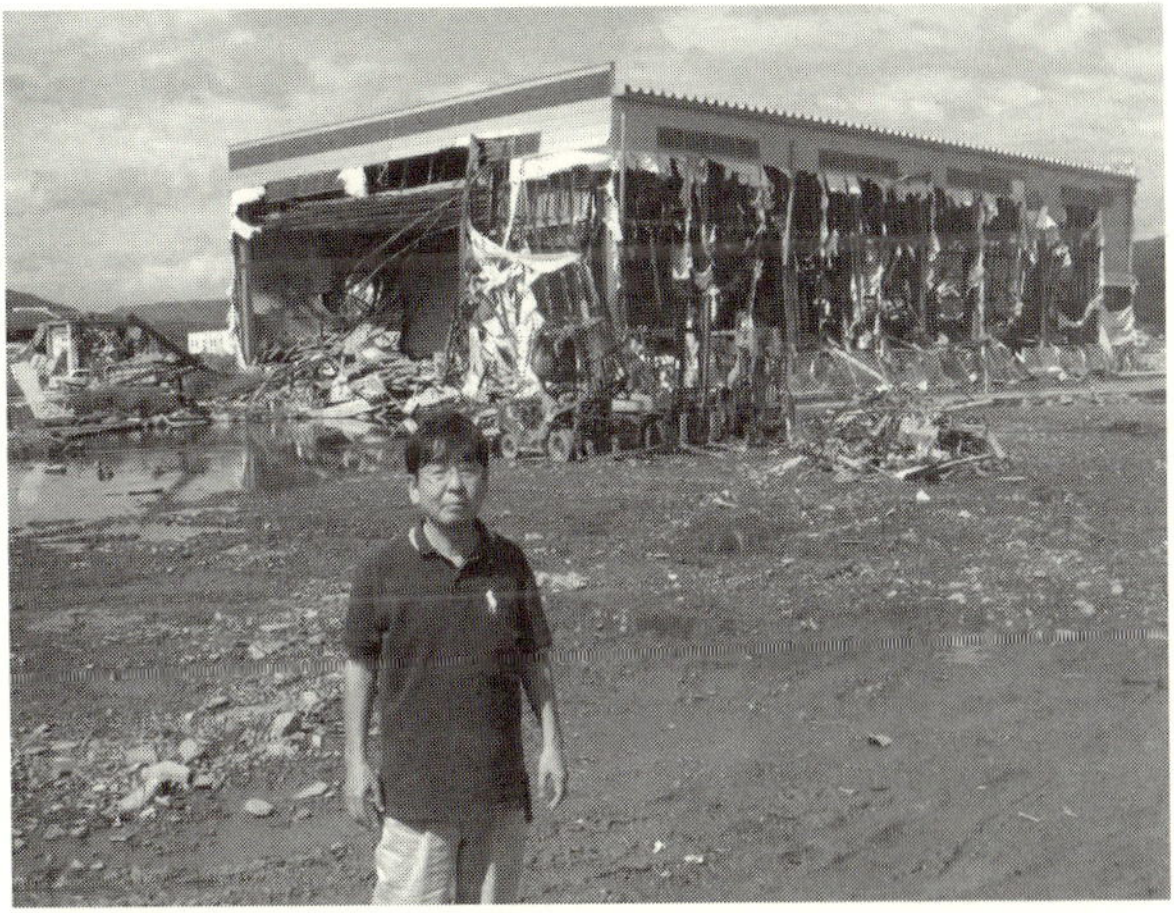

被災地を訪ねて

震災半年後の神戸は人で溢《あふ》れ、四年後には、形だけはもとの神戸を取り戻していたのではなかったでしょうか。

復興のみならず復旧すら進まない理由の一つに、被災地のグランドデザインが決まらないことがあります。あるいは壮大すぎるのです。

次の巨大地震、津波にも耐える町づくり、港づくりを目指しているのです。

町の高台移転や住宅地のかさ上げ、巨大防潮堤で守られた港湾など方法はいろいろあるらしいですが、そのどれもが巨額の資金と時間のかかるものです。

しかしながら、次に同程度の巨大地震が来

るのは、千年後、早くて六百年後と言われています。そのような先の大災害を今から考え悩む必要はないのではないでしょうか。

まずは、復旧に全力を尽くすべきです。そして未来のことは未来に任せる。

僕たちに必要なのは現在を生き抜くこと、被災者の方たちが元の生活に戻ることです。

科学技術は指数関数的に発達しています。特にここ数十年の進歩は著しいものがあります。

百年後には百年後の科学技術があり、知恵があります。その時代の科学、技術を使って災害に備えればいい。

「高レベル放射性廃棄物処分」に関しても同じではないでしょうか。

地下数百メートルもの穴を掘って、何万年もの間、埋めてしまうなどというバカげた考えは捨てて、「使用済み核燃料長期保管施設」を造り管理すればいいのです。そして、百年、二百年ごとに見直していく。

百年後、現在の数百倍、堅固で安全な貯蔵容器が作られているかもしれません。二百年後、放射性物質の半減期を著しく早める装置や、または薬品が開発されているかもしれません。

放射性廃棄物のほとんど出ない、ビル一棟ほどの大きさの原子炉が一般的になっているかもしれません。

またさらに、現在ゴミとして廃棄に苦慮している高レベル放射性廃棄物も新たな利用方法が発見されるかもしれない。いや、発見するのが科学技術の進歩というものです。

より堅固で放射線遮蔽率の高い容器材料が開発され、ビルの地下深く埋め、ガラス固化体の発生する熱を利用してビル一棟分の暖房が可能になるかもしれません。

さらに熱源として利用すれば農業、工業など広範囲に利用することも考えられます。

そして究極は、かつては厄介物《やっかいもの》とされていたシェールガスやシェールオイルのように、新技術によって新しい燃料として生まれ変わるかもしれません。

❸「使用済み核燃料長期保管施設」のほうが現実的

もう一度、現実的に考えましょう。

高レベル放射性廃棄物は頑丈《がんじょう》な容器に入れて、地下深く埋めてしまう。たしかにいい方法のように思えます。

しかし、その年月が問題に思えて仕方がありません。十万年なんて時間を人間が本気で考えることができるのでしょうか。

この処分方法は完全に埋めてしまい、忘れ去られることにこだわっていますが、やはり僕には納得できません。

この頑丈なキャニスターに入れられたガラス固化体を施設の中に置いておくだけで三百年、五百年の安全は十分保証できるのではないでしょうか。

地球環境の変化や人的行為、テロを危惧《きぐ》するのであれば間違いです。高レベル放射性廃棄物といっても、稼働している原発に比べれば遥かに安全で扱いやすいモノです。

地下の施設、あるいは地上であっても原発並みの頑丈な施設を造れば十分管理できます。

幌延や東濃（瑞浪）の地下施設などは最高の保管場所になるでしょう。

さらに、地下の保存施設の内部状態を絶えずカメラで撮影して、映像を含めて容器の状態、放射能値、温度、湿度、その他、管理に必要な様々な数値をモニターする。

異常があれば、すぐに対策を取れるように準備、訓練しておくというのはどうでしょうか。

初めてソ連に原発が造られた七十年近く前の技術では難しかったかもしれませんが、現在では簡単なことです。

その地に監視人を常駐させる必要もなく、管理会社でモニターしていればいいだけの話です。万が一なにか不備が起これば即座に対応できるシステムを作っておけば問題ありません。

リモートコントロールできる高性能カメラはすでにできているし、精密な作業のできるロボットも今の技術で十分作ることができます。

それでも信用できないと言うのであれば、東京駅と大阪駅にモニターテレビを設置すればいいことです。なんなら、国会の入口に設置してもいいのではないでしょうか。

インターネットが整備され、ＳＮＳ（ソーシャル・ネットワーキング・サービス）が一般的になって、世界が共有できる情報は膨大でかつ詳細なものとなりました。

「忘れ去る」ということは、昔より難しいことになりました。世界の誰かが覚えているに違いありません。

さらに一定年数ごとのチェックを義務付ければ、なお安心です。

たとえば五十年ごとに、衆人監視のもとで容器を科学的に検査する。そして問題があれば、その時代の科学技術で管理し直せばいいと思います。

そうであれば、「最終処分地」などという恐ろしい言葉ではなく、「長期管理保管施設」程度の呼び名でいいのではないでしょうか。

「高レベル核廃棄物最終処分地」と「使用済み核燃料長期保管施設」とでは、受けるイメージもまったく違います。

「『百年間の管理保管施設』を造らせてください。その期間は責任を持って管理します」のほうが、よほど誠実で信頼が置けます。

そう説得すれば、条件次第では建設を納得してくれる自治体も出てくるのではないでしょうか。

東日本大震災後、問題になった近隣の被災地から出た「瓦礫の処分地」も同じです。

被災地に同情しながらも、自分たちの住む地には処分してほしくない人たちが多すぎるのです。

放射能を含む瓦礫を燃やした灰を袋に詰めて、穴を掘って埋めるというイメージが先行しているのでしょう。

だったら保管施設を建設して、そこに長期管理保管すればいいのです。放射性物質セシウムの半減期はセシウム１３４が二・一年、セシウム１３７が三十・二年です。カメラを設置して、常時住人が監視していれば多少の理解も得られるのではないでしょうか。

さらに、言葉の使い方は本当に難しいものです。

「高レベル核廃棄物最終処分地」などという恐ろしい名前は捨てて、「使用済み核燃料長期保管施設」を現実に考えるべきでしょう。

人間は愚《おろ》かではあるが、バカではありません。百年あれば新しい技術、材料、装置、薬剤の開発で解決のメドがつくでしょう。科学技術は日進月歩です。

それでも難しければ、百年後の技術で最善のことをして、次の百年後に期待すればいいのです。

百年単位の検証を続けていけば、必ずよりよい解決策が見つかります。伝承さえしっかりしていけば、未来の人たちも納得してくれるでしょう。

シェールオイル、シェールガスも数十年前は厄介物でしかありませんでした。しかし新技術の開発によって、宝の山に変わりました。

現在、世界中の嫌われモノである高レベル放射性廃棄物も、将来、宝の山に変わる可能性がないとは言えません。いや必ずそういう技術が開発されるでしょう。

人が責任を負える現実的な期間はせいぜい三世代から六世代、百年か二百年です。

なぜ永久処分、地下深く埋めてしまえ、「忘れ去られるための施設」などという無責任な方法が世界に広まったか知りませんが、そろそろ考え直す勇気が必要だと思います。

世界に先駆けて日本が「管理保管」を打ち出して、幌延や瑞浪の偉大なる坑道を世界初の管理保管施設にすれば素晴らしいと思います。

第4章

福島の未来と三つの提言

(1) 福島のいま

❶福島第一、第二原発を訪ねて

二〇一四年六月、福島の東京電力第一原子力発電所、第二原子力発電所を見る機会を得ました。

大昔に研究員として働いていた日本原子力研究開発機構（旧・日本原子力研究所）に頼んで、東京電力にお願いしてもらったのです。

福島県の広野駅を降りて小型バスで楢葉町《ならはまち》、富岡町、大熊町を経て、福島第一原発に向かいました。

雑草が刈られ整然とした田畑の並びをすぎると、風景はまったく違ってきます。

雑草で覆《おお》われた田畑、両側に草木の生《お》い茂る田舎道が続いています。人影はなく、ところどころに無人の人家が見えます。荒れ果てたスーパーマーケット、コンビニ、ガソリンスタンド……。人の姿は見えません。

田畑の隅に直径、高さともに一メートルほどの黒い円筒の袋が積み上げられていま
す。除染で集めた土や落ち葉などを入れたものです。

バスの中では線量を読み上げてくれますが、大熊町に入るまではほとんどが一マイク
ロシーベルト以下です。

「綺麗《きれい》に草が刈り取られている田畑や、道の両側の草木が刈られているところは除染が
終わったところです」

そう、東電の方が教えてくれました。

原発事故時には原子炉建屋《たてや》の爆発とともに、大量の放射性物質が飛び散りました。そ
の放射性物質は、月日とともに雨や風でさらに広がり、大地に染み込み、木々の樹皮や
葉に付着しました。

そこで土地を削り、枝や落ち葉を集めて取り除くのです。消し去るわけではありませ
ん。当然、集めた土や葉には放射性物質が含まれています。

その除染で集めた廃棄物の置き場を求めて迷走しているのです。

たしかに除染の効果はあります。

しかしまた雨が降れば、隠れていた放射性物質が流れ出て来ることもあります。個人的には自然に任せたほうがいい気がするのですが。放射性物質には半減期があります。時間が危険を消していくのです。広島、長崎がそうでした。百年人は住めないと言われた町も、戦後まもなく完全に復興しています。

しかしここは三年以上たったこのときも、人のいない町が続いていました。

まず向かったのは、Ｊビレッジです。

本来は東電が広野町に贈ったサッカーの施設です。テレビなどで何度か観ていましたが、そのときは福島第一原発で作業をしている人たちの拠点となる場所でした。周辺の町からここに集まり、作業の用意をします。一日六千人の人が原発構内で働いていると聞きました。

僕たちもここで、福島第一原発での予定を含め、様々な説明を受けました。

東京電力の福島復興への取り組み、原発内の様子、津波が来たときの様子などです。

現在、東京電力は、復興への取り組みとして、避難地区の清掃・片付け、除草作業、除染、除雪作業など様々なことをやっています。

「十万人プロジェクト」を立ち上げ、東電社員の復興推進活動への参加体制整備を行なっています。モットーは「福島の復興が私たちの原点です」。

そう説明してくれました。

その後、バスで第一原発に向かいました。

発電所構内では、多核種除去設備、タンクエリア、１号機から４号機までの外観を見て回りました。

さらに、地下水バイパス揚水井戸、凍土遮水《しゃすい》壁実証実験現場、４号機原子炉建屋、非常用ディーゼル発電機６Ｂ、乾式キャスク保管庫、夜ノ森線鉄塔倒壊現場などで説明を聞きました。

地面に杭を打って地下水を冷却し、氷の壁を造って汚染水を止める凍土遮水壁の作業現場も見ました。しかしこれは、あまりうまくいっていないようです。地下水に流れがあるため十分に凍らず、試行錯誤を繰り返しているようです。

2015年3月にも、福島第一原発を視察(緊急時対策室にて)

敷地内の除染はかなり進んでいて、全面マスクを着けることなくバスの中からではありますが、発電所内を見学することができました。

原子炉建屋近くにはまだ瓦礫《がれき》が多く残り、白いつなぎの防護服を着た多くの作業員が働いていました。建屋近くでは全面マスクを着けている人も何人か見かけました。

敷地には膨大な数の汚染水タンクが並んでいます。二〇一四年九月の時点で八百六十六基。人体に影響のない水であっても海に流すことができなければ、タンクは今後も増え続けていきます。

しかしまだ、現状は本格的な廃炉作業前の

環境を整えている状況なのです。

原子炉には近づくことさえできません。高線量地域にはロボットが導入されていましたが、人間ほど器用ではなく、臨機応変でもありません。ロボット技術は、今後ますます必要となるでしょう。

最後に免震重要棟緊急時対策室に行きました。右の写真は、そのときのものです。前面に六分割されたスクリーンのある部屋。テレビで何度も観た場所です。

ここは原発構内の拠点で、多くの人たちが働いています。

ロボットの操作はここのコントロールルームで行われています。

所長さんとも話す機会を得ました。廃炉に向けて意欲的に話されていました。

働いている人たちの福島に対する思いは強く、対応も謙虚で真摯《しんし》で熱く、頑張ってほしいと思わざるをえませんでした。

❷廃炉に向けて現実を見据えた決断を

P.137の図【23】は、原子力発電所の廃止措置プロセスを示したものです。

原子力発電所の廃炉は、まず使用済み核燃料の搬出を行います。次に、施設内の各設備に残る放射性物質を可能な限り除去します。その状態で放射能の減衰を待ちます。

その後、放射性物質が建屋内から出ないように、原子炉冷却系や計測制御機器や装置を取り除き建屋から運び出します。そして、作業しやすくなったところで、原子炉本体を解体し撤去します。最後に建屋の解体を行い更地にします。ただし、このプロセスは正常に原子炉を止め、廃炉作業を行う場合です。

しかし福島第一原発はメルトダウン、メルトスルーを起こした原発であり、すべての工程に大きな問題を抱えています。

廃炉には四十年、あるいはそれ以上かかると言われています。その間には様々なトラブルが起こるでしょう。

過去に重大事故を起こした原発で廃炉が行われたのはスリーマイル島の原発です。このときの経験を大いに役立てる組織づくり、工程づくりをしてほしいものです。

ちなみにこの原発から取り出されたデブリ（溶融した燃料棒の塊）はロッキー山脈の

【23】原子力発電所の廃止措置プロセス

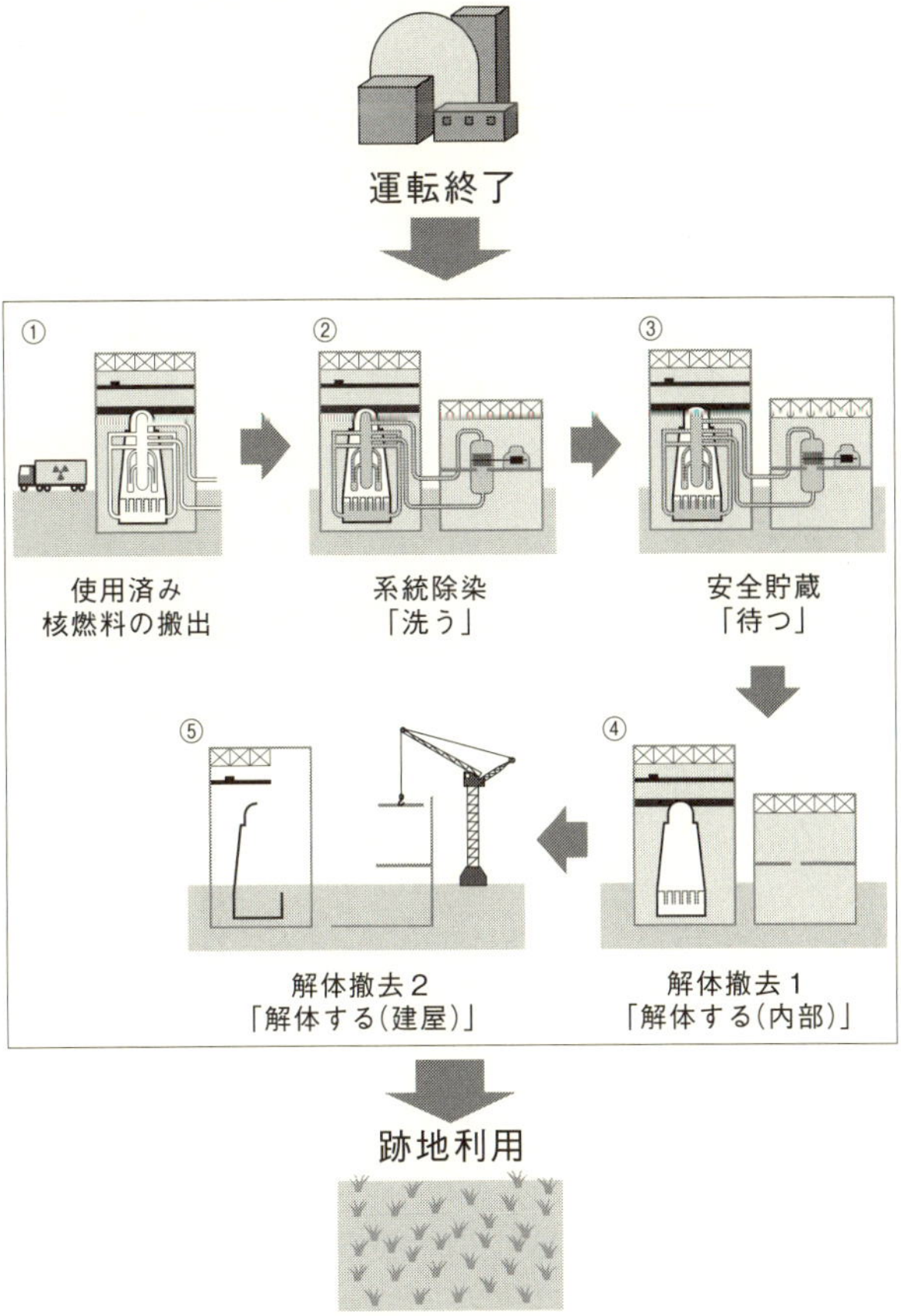

注1:沸騰水型原子炉（BWR）の廃止措置の標準行程
注2:具体的な方法については、状況に応じて事業者が決定し、原子力規制委員会が
安全性を確認する
資料:電気事業連合会

麓《ふもと》に規制地区を設け保管しています。

チェルノブイリ原発4号機（旧・ソビエト連邦）については、廃炉作業にはほど遠い現状です。

事故時には上空から砂や鉛を落とし炉心を覆って放射線を防ぐという方法が取られ、ヘリコプターから五千トン以上が投下されました。

その後、飛び散った炉心と残った建屋をコンクリートで覆いました。さらなる放射性物質の飛散を防ぐためと、多少なりとも放射線を遮蔽《しゃへい》するためです。巨大なコンクリートの棺《ひつぎ》、石棺《せっかん》と呼ばれました。

しかし事故から二十年以上たつと、コンクリートは劣化し、割れ目や亀裂が無数に入りました。石棺の中には、漏れ込んだ雨水が放射性物質で汚染されて溜《た》まっています。

そのため国際的な協力を得て、さらにその石棺を金属製のドームで覆うという計画が進められています。

新シェルターはアーチ型の鉄骨構造で、屋根はステンレス製です。長さ約百五十メートル、幅約二百五十メートル、高さ百十メートル、重量約三万トンの巨大な建造物です。

しかしこれは廃炉作業ではなく、たんに原子炉を覆って外部と遮断するにすぎません。上部空調など結露による腐食対策を取り、今後の廃炉作業を考えて百年以上の耐久性を考えていると言いますが、何が起こるか分からないというのが現状です。

福島第一原発での廃炉技術の確立は、今後のチェルノブイリ原発での廃炉にも役立つでしょう。

福島第一原発のいま一番の問題は、増え続ける汚染水と、すでに出ている汚染された瓦礫の処理です。

作業員の積算被曝も問題になっています。建物、装置の経年劣化も考えねばなりません。四十年とは一つの原発が稼働を始めて、その寿命を終える年月なのです。さらに一人の職員が働き始めて定年を迎える年月でもあります。

そして周辺市町村の除染と住民帰宅の問題もあります。

これらは実際の廃炉作業以前の問題です。

また廃炉作業が始まると、新しく出て来る、より高い放射線量を出す膨大な汚染物質をどこに保管するかが問題になります。

そして最終的には原発三基分のメルトダウンした核燃料、デブリの取り出しと、保管の問題があります。

そういうことを含めて考えると、やはりもっと抜本的な、現実を見据えた決断が必要となるでしょう。

世論の様子を見ながらのその場しのぎの対応では、どうにもならないと思います。

まず第一は、作業環境を整えるべきです。具体的には、自由に使える大規模な用地確保と法的整備です。一般の人たちの出入りを禁止して、廃炉作業を自由に行える広い区域です。

そして、現場で働く人の問題があります。

短期的には作業員の積算線量です。いくら許容上限の数値をいじろうとも、限界は来ます。

長期的には廃炉作業の後継者の問題があります。

四十年といえば二世代、三世代にわたる作業が必要です。現在中心になって働いている人は、作業の半ばで去っていかなければなりません。技術の継承と現場の正確な理解を含めて、綿密な計画が必要でしょう。

そして何よりも大切なのは電力会社側と国民、住民との信頼関係です。今後生じる様々なトラブルは、分かった時点からリアルタイムで生データレベルで公表すべきでしょう。そして、僕たちもそれらを感情的にではなく科学的に受け止め、評価することが大切です。

こうなると、とても一企業で処理できるものではないというのが印象でした。資金、法律、国を挙げての対応が必要になると思います。そして国民を挙げての協力が必要です。用地確保と住民対策を考えると、法的な改定も必要かもしれません。おそらく今後、想定外のトラブルもあるに違いありません。

もっと腰を据えて、長期的に問題を見据えて対処していくことが大切です。

しかしここで培《つちか》われた廃炉技術は、今後国内ばかりでなく、海外の原発でも次々に増える廃炉に大いに役立つはずです。

福島第一原発から半径五キロ、できれば十キロ以内の帰還困難区域は国の買い取り管理。さらにその他の居住制限区域と年間放射線量二十ミリシーベルト以上の区域の土地は、地権者の同意をもとに国が買い取って管理するしかないと思います。

その上で、「原発事故の収束」に全力を注げる「地域」にすべきです。今回の事故はそれほど深刻で大きな事故なのです。

さらに前に述べたように、本格的な廃炉作業に入ると、様々な高レベル放射性汚染物質が増えてきます。

これらの汚染物質をどうするかが重要な問題になることは、間違いありません。

輸送の危険性、また受け入れ先の選定を考えると、最も近い地区で管理するのが一番安全で合理的な方法でしょう。

それには原発に近い地区に中間貯蔵施設などという誤魔化しではなく、「長期管理保管施設」を造ることです。そうすれば、今後、福島第一原発から出る膨大な量の核廃棄物を輸送する危険を最小限にとどめて保管できます。同時に、全国に溜まっている核廃棄物を一括保管すれば多くの問題を解決できます。

これは世界に先駆けての大事業になるでしょう。

日本の原発事故対応は、世界が注目しています。

今後数年間、あるいはそれ以上の間、人が住めない地区はあります。それをはっきりさせ、住民に示して納得してもらうべきでしょう。

おそらく土地を手放すのに反対する人たちもいるでしょう。一度国に売却し、廃炉が終了した時点、四十年、五十年後に買い戻しも含めてもう一度考え直すという方法もあります。そのときには小手先の除染に頼らずとも、放射線量はかなり減っています。土地への未練を捨て切れなければ戻るというのも、一つの選択肢です。現在のようにダラダラと決して少なくない補償金をばらまくだけでは、被災者の自立を妨げるだけではなく、いわれのない中傷で苦しめるだけです。

しかしこれには、多くの人たちの協力が必要です。

素人のたわ言かもしれませんが、現実的な見方でもあります。

僕は現在、神戸に住んでいます。そして、一九九五年の一月も神戸にいたことは前に述べました。

阪神・淡路大震災を目の当たりにしました。

神戸は海と山に挟まれた細長い町です。さほど広くない地域で、六千四百人以上の方が亡くなりました。

地震直後、町は瓦礫に埋まっていました。家族は素手で崩れた建物の瓦礫をかき分け、土を掘り、生存者を助け、遺体を掘り出しました。

災害で一番の被害者は亡くなった方々です。そしてその家族。大怪我をして後遺症を持って生きなければならない人もいます。PTSD（心的外傷後ストレス障害）で十年以上苦しんでいる人もいます。

家をなくし、財産、仕事を失った人たちも多く知っています。二重ローン、マンションの建て替えに苦しんでいる人もいます。

二十年たった今、その多くの人たちは立ち上がり、新しい生活を始めています。

東日本大震災でも多くの犠牲者が出ました。

目の前で自分の家、店、工場、車、お墓さえも流されていったのです。生活の基盤となる田畑が海水につかり、漁船が陸に打ち上げられました。

自宅を流され、高台移転しなければならない年金暮らしの老夫婦に出る補償金は二百万円とも聞きました。二人はこの先どう暮らしていくか、途方に暮れていました。

故郷に住み続けたいと頑張る人たち、もう海はこりごりと新しい土地に移住する人たちもいます。

さらに、福島の原発事故では故郷に帰れない人も多くいます。

国は「帰還困難区域」「居住制限区域」「避難指示解除準備区域」と分けて対処しています。

放射能という目に見えない恐怖に対しては、人の感じ方は様々です。

年間百ミリシーベルト以下はさほど気にしないという人もいれば、ゼロでなければ怖くて住めないという人もいます。家族構成によってもまったく違ってきます。

一律にというのは、しょせん無理があります。

赤ちゃんや幼い子どもがいれば、いくら国のオーケーが出ても帰宅するのに躊躇《ちゅうちょ》するのは当然でしょう。「安心」に科学的根拠など関係ありません。

「故郷」、響きのいい言葉です。しかし震災直後は「絆《きずな》」「人のつながり」といった言葉が避難所に溢《あふ》れました。そういう人々は「故郷」以上の重要性を見出したのかもしれません。

地震、津波により、家族や親戚、友人、家もお墓もすべての過去の思い出もなくした人も多くいます。

人とのつながりを重点に置いた新しい故郷づくりも重要です。

〈賠償額の試算に当たって設定した前提（概要）〉

⑴就労不能損害、財物賠償、精神的損害の賠償額の試算のために設定した事項

⑵住居確保損害、精神的損害（故郷喪失慰謝料）の賠償額の試算のために設定した事項

⑶その他

その結果、四人家族（夫婦と子供二人、夫［三十代］の給料収入世帯）で、三年間の賠償額合計は、帰還困難区域では、八千八百七十五万円から一億四百七十五万円。居住制限区域では、七千百九十七万円、避難指示解除準備区域では、五千六百八十一万円とな

っている。

さらに、一人暮らし（六十五歳以上の男で給料収入世帯）の場合、賠償額合計は、帰還困難区域では、五千三百四十一万円から五千七百四十一万円。居住制限区域では、四千六百二十一万円、避難指示解除準備区域では、三千九百十八万円となっている。

これらは文部科学省が出した「原子力損害賠償紛争審査会（第39回）配布資料」で、ネットで見ることもできます。

僕はこの額が多いのか、少ないのかは分かりません。

専門家が集まり、考えた結果なのでしょうから、根拠はあるのでしょう。

何代にもわたって住み続けた土地を一瞬にして追われた苦しみは理不尽で許しがたいものです。金銭には代えがたいものもあります。

しかし、これに移転補償金を加えれば、新しい出発に十分な金額であるような気もします。

実際に、原子力損害賠償で、二〇一四年四月までに自主的避難者、法人・個人事業主、漁業関係者など、仮払い補償金で計三兆九千九百八十八億円のお金が支払われています。これらはいずれ電力料金、あるいは税金という形で国民が支払うのです。日本では金銭で片をつけるということを不浄なこと、よしとしないという風潮がありますしかし、それしか方法のない場合もあります。

❸増え続ける汚染水をどう処理するか

福島第一原発を見学してまず目につくのは、延々と並ぶ巨大なタンクの数です。

事故を起こし、現在も熱を出し続けている原子炉を冷やすために使われた水、そして一日数百トンと言われる原発に流れ込む地下水があります。原発に流れ込んだ地下水は放射性物質を溶かし込み汚染水となります。

こうした汚染水は地上タンクに溜められており、その量は二〇一四年九月の時点でタンクの数で八百六十六基、約三十六万トンに達しています。東京電力によると、敷地内の資材撤去や転用などを行い、合計九十万トンのタンクエリアを確保するそうです。

これまでは山から流れてくる地下水の影響で、汚染水は一日に三百五十~四百トン出ていましたが、原子炉建屋の山側に十二カ所の井戸を掘り、そこから地下水をくみ上げて海に放出する地下水バイパスを作ったことで、一日最大百三十トン分を減らせるようになったといいます。

とはいえ、廃炉まで四十年かかるということですから、このまま汚染水を出し、タンクに溜め続けるわけにはいきません。汚染水タンクからの水漏れも、すでに発生し始めています。そこで考えられた計画は、地下水バイパス以外に以下があります。

◎高性能の放射性物質浄化装置「ＡＬＰＳ」の設置

◎建屋周りの土を凍らせる「凍土壁」

◎地下トンネル内に氷の壁を造る「凍結止水」

◎タンクを溶接型に置き換える

地下トンネルには建屋の隙間《りきま》から一万一千トンもの汚染水が流れ込んでいます。これが地下に漏れて地下水を汚染して、それが一日二百トン海に流出していると考えられます。

そこで流れている汚染水を、冷却液を使って一カ月ほどで凍らせるという計画が「凍結止水」でした。しかし三カ月経過しても水は凍りませんでした。そこで四百トン以上の氷を投入しましたが、凍る前に水が流れてしまい、二〇一五年に入ってもまだ止水できていません。

次に「凍土壁」は、建屋の周囲の地盤に一・五キロにわたって管を打ち込み、冷却液を使って土を凍らせて氷の壁を造ろうというものです。この壁によって、建屋に地下水が流れ込むのを四分の一以下まで阻止します。

しかし管を打ち込むためには、一部で交差している地下トンネルから汚染水を抜き取る必要があります。さらに地下にある配管などの障害物についても、実証試験では考慮されておらず、凍結止水と同様、凍らない部分ができれば地下水を止められません。また大規模な凍土壁自体が世界的に実績のないものであり、土木学会からは凍土壁の周りをさらに粘土壁などで囲む必要があると指摘されています。

次に「ＡＬＰＳ」。これは汚染水からトリチウム以外の六十二核種の放射性物質を除去するための装置です。二〇一三年から稼働して、一時は配管の腐食やフィルターの故障などが見られたものの、二〇一四年九月から再び運転を開始しています。翌十月にはさらに高性能なＡＬＰＳが公開され、さらにヨウ素１２９など四種類の放射性物質を除去できるとしています。

これらのＡＬＰＳがすべてうまく稼働すれば一日に二千トンの汚染水処理が可能になるということで、現在、最も期待できる対策です。

ただし、ＡＬＰＳによって汚染物質を除去した水もタンクに溜めておかなければなりません。除去されなかったトリチウムが残るからです。しかし、トリチウムは人体にほとんど無害です。これは科学的事実です。

トリチウムが多少含まれていても海に流すべきでしょう。しかしこれを科学的に理解してもらうことは、非常に難しいと思います。

しかしながら、ＡＬＰＳで除去した放射性物質を吸着したフィルターは汚染物質となり、やはり保管しておかなければなりません。

そうした意味からも、福島第一原発の周辺地域は国の管理地域として、廃炉のために自由に使える地域にしなくてはならないでしょう。

❹長期間にわたって必要な健康追跡調査

子どもたちの健康については様々なことが言われています。

事故当時は年間許容量、十ミリシーベルトか一ミリシーベルトかで大いにもめました。

放射線被曝については、広島と長崎の経験から十分なデータがあるはずです。

現在、福島では、県が子どもを対象とした甲状腺検査を行なっています。

まず超音波検査でしこりや嚢胞《のうほう》がないかを調べ、一定以上のサイズのものがあれば精密検査に進むというものです。県はこれを生涯にわたって続け、将来の変化を見ていく方針だといいます。

これまでに二〇一一年から一巡目、二〇一四年から二巡目の検査が実施され、福島第一原子力発電所での事故発生時に十八歳以下だった対象者三十七万人のうち、三十万人が検査を受けています。その結果、一巡目の検査で甲状腺癌《がん》と診断されたのは八十六人、癌の疑いがあるとされたのが二十三人でした。

二巡目の検査は二〇一五年二月の時点では、公表された約七万五千人のうち、一人が癌と診断され、他に七人が癌の疑い、とされています。

この結果を見ると、多くの人が福島第一原発から放出された放射線の影響を考えることでしょう。もちろん、その可能性はあります。

しかし甲状腺癌は通常、成長が遅いものです。チェルノブイリの事故（一九八六年）で甲状腺癌が発症した子どもは数多くいましたが、数が増えるのは事故から四年以上経過してからでした。またチェルノブイリについては、二〇〇八年に国連の化学委員会が健康への影響について報告を行なっています。

報告によると、高線量を被曝した原発職員と緊急作業者百三十四名のうち、二十八名が被曝後まもなく亡くなりました。それ以外の数十万人の作業者では、白血病と白内障の患者が増えています。子どもは六千人以上が甲状腺癌を発症し、二〇〇五年までに十五人が亡くなっています。その平均被曝線量は、甲状腺に対しては約五百ミリシーベルトとされました。

これに対し、福島での甲状腺への平均被曝線量は、最大で五十ミリシーベルトというのが放射線医学総合研究所などの出した答えです。

環境省も、青森、山梨、長崎の三県で無症状の子ども約四千四百人の甲状腺検査を行なっています。

この程度の人数だと科学的根拠として弱いのですが、その癌発症率は福島のものと比べて著しい差は生じていません。無症状の者を網羅的に調べた場合、新たな患者の発見で数が多くなるのは当然と言えます。それでも著しい差が生じていないということは、二〇一五年の段階で福島での被曝が健康に影響しているか、ということについては「まだない」としか言いようがありません。

またチェルノブイリでは、原子炉の爆発によってヨウ素131、セシウム137、ストロンチウム90、プルトニウム239といった放射性物質が、事故から十日間にわたって放出され続けました。しかし福島の場合、建屋の水素爆発はあったものの原子炉自体は爆発していません。そのためヨウ素131は十分の一以下、セシウム137は六分の一、ストロンチウム90は七十分の一以下、プルトニウムに至っては極微量ということで計測できないレベルにとどまっています。

結論としては、「ほとんどの人に放射線による将来への健康の影響はない」ということになっています。

もちろん、住み慣れた故郷から強制的に追い出され、精神的苦痛や経済的な問題による生活様式の変化が原因で、寿命が短縮してしまうということはあるでしょう。

インターネットに出回っているデータや様々な記事と公《おおやけ》に出されている内容とでは、あまりに違いすぎています。

一般の人は悪意のある記事や誤った記事に惑わされることなく、冷静な目で判断することが大切です。

健康については一つの組織を作って、政府の公式発表として疑問を持たれないものを公表すべきです。その組織は外国人を含めた、誰もが納得いくものでなければなりません。これは、あまり大きな手間もかからないと思います。

そして、今後も長期間にわたり追跡調査が必要です。

その結果は生データも含めて、すべてを公表すべきです。

(2)日本が取り組むべきこと

❶福島を世界の原発研究の拠点に

福島第一原発事故後も、発展途上国を中心に世界が原発建設に向かっていることは述べました。

実は東日本大震災の原子力事故の前に、一冊の本を書いていました。『原発ＮＥＸＴ』という本です。

日本が世界に誇れ、売り出すべきものは、新幹線と水処理施設などの大規模インフラ、そして原発だと書いた本です。つまり、これらのものを輸出の三本柱にすべきだという内容です。

ちょうど世界の流れとして、発展途上国は「原発を造る」という前提で動いていました。アメリカもシェールオイル、シェールガスが騒がれる前で、地球温暖化の影響の少ない原発推進に向かい始めたときでした。

東日本大震災前まで、日本の原発技術は、フランスと並んで世界でトップクラスだと信じていました。実際、日本の東芝はウェスティングハウスを傘下に入れ、日立はGE（ゼネラル・エレクトリック）と技術協力契約を結んでいました。そして、その安全で効率的な原発を、世界に輸出すべきだと思っていました。

いま世界の原発輸出をリードしているのは、ロシアと韓国です。

しかし、ロシア製や韓国製の原発が世界中にできていくのは、ある意味、非常に怖いのではないでしょうか。ロシアはチェルノブイリ原発事故を起こし、その後の廃炉作業も十分とは言えません。石棺と呼ばれるような、巨大なコンクリートで覆っただけです。

また韓国は、セウォル号沈没事件（二〇一四年四月）や三豊百貨店崩壊事故（一九九五年六月）のように、日本以上に安全に関しては遅れていると思います。

さらにこの原発輸出事業に、中国も進出しようとしています。

だとしたら、日本独自の技術を生かした原発を輸出していくことが、日本のみならず世界のためになると考えたのです。最初に書いたように、福島第一原発はアメリカ仕様で、日本独自のものとは違うのです。

原発事故後、日本は脱原発の渦《うず》に呑《の》み込まれました。

しかし原子力に関しての日本の役割は、今までよりさらに大きくなったと言えないでしょうか。この大きな悲劇を正確に詳しく、世界と未来に伝えていくことが、日本の義務であり、使命です。

まず、早急に必要なのは福島を起点とした、国の「事故総括センター」の設立です。

現在、原発事故関係の資料を集めるには、様々な研究機関、大学、さらには企業のデータベースにアクセスしなければなりません。そして得られる資料、数値も様々です。

これまでも、国の発表すら数値がコロコロ変わってきました。これでは国民は何を信じていいのか分からず、増すのは不信ばかりです。

インターネット上にも様々な情報が飛び交っています。

明らかにデタラメ、誤報、捏造《ねつぞう》に近いものもあります。原子力は同じデータでも立場の異なる人によって、その評価や解釈はまったく違います。

しかし、多くの人はその情報を信じ、拡散して、間違った情報が出回り、間違った知識として蓄積されていくのです。

また、日付も出典もない情報も多くあります。事故後のデータをあたかも最近のデータであるかのように書いてあるモノも多々あります。

一般の人たちはそれを信じて拡散させ、さらに誤った情報が広まっていきます。

情報発信を一元化し、必要な情報はそのセンターに問い合わせれば、正確で信頼できるモノが得られることが必要です。そしてそれは世界に向けての発信が必要不可欠です。つまり、英語と日本語のものが必要ということです。

さらに除染や廃炉に関して、世界に向けて最高のアドバイスができる組織を福島の地に作ることが必要でしょう。それには日本の英知のみならず、世界の英知を集めて取り組まなければなりません。日本人ばかりの組織では、何を発信しても提言しても誰も信じてくれないでしょう。

世界の優秀で経験のある研究者、技術者を入れ、世界へ向けた原発情報の中心になれば、心強い限りです。

今でも福島第一原発の原子炉建屋内は、爆発による瓦礫が通路をふさぎ、高レベル放射能のために人が入れない場所が大部分を占めています。

その中の様々な場所で活躍しているのがロボットです。

現在は原子炉建屋内の撮影や放射線量の測定など、情報収集が中心です。高所調査用ロボットも導入され、事故後の構造把握や現場調査を遠隔操作で行なっています。

さらに、遠隔操作できる油圧ショベルやブルドーザーなども、瓦礫撤去や資材の運搬に使われています。しかし、高放射線下での使用を想定していない機器が多く、除染できないなどの問題を抱えています。

放射線下で十分に機能を発揮するロボットは、今後、世界で次々と始まる廃炉作業でも大いに必要となります。

独立行政法人である日本原子力研究開発機構は、今後、福島第一原子力発電所の廃炉に向けた技術開発などを進める研究拠点施設の整備を行います。

その中に、高い放射線下で使用できる遠隔操作ロボットなどの開発実証施設（モックアップ施設）と放射性物質の分析・研究施設の建設があります。総額約八百五十億円の事業として、すでに始まっています。

福島第一の廃炉終了までには四十年とも五十年とも言われています。

そして今後、世界で廃炉にする原発が相次いで出てきます。その気の遠くなるような道のりを考えると、高レベルな放射線の下で自由に動けるロボットの研究開発はどうしても必要です。

ロボットの大きな利点の一つに遠隔操作できることがあります。

有線ケーブルや無線を介して操作できる遠隔操作ロボットです。人の活動が著しく制限されたり、まったく入れない高レベル放射線下の過酷環境でも作業できます。

遠隔操作ロボットは、一九九九年に茨城県東海村で起きたＪＣＯの臨界事故後、当時の通商産業省が三十億円をかけて民間に開発を委託し、二〇〇一年に放射線下で活動できる六台のロボットを製造しました。

放射線量や温度の測定などのモニタリング、ドアやバルブの開閉、配管の切断、除染などができるロボットです。

しかし残念なことに、福島第一原発の事故時に最初に原子炉建屋に入ったのは、アメリカ、アイロボット社の軍用ロボット「バックポット」でした。

高レベルな放射線の下で、瓦礫が散乱し、狭く起伏の多い建屋内を進めるロボットは日本にはなかったのです。このバックポット君は建屋内に投入され、貴重なデータを集めてきました。

では、日本で開発されたロボットはどうなったのでしょうか。

「日本で原発事故は起こらない」「原発の災害で活用する場面はほとんどない」などの理由で、電力会社などからの配備希望はなく、それ以上の研究開発は続けられることはなかったのです。

作られたロボットも不要とされ、廃棄処分となったり、仙台市科学館で展示されたりしています。

❷原発の世界基準を日本が提唱せよ

二〇一四年六月。

「中国の台山《だいさん》原発を知っていますか」

知り合いの週刊誌の編集者から突然電話がありました。地震関係で何度か一緒に仕事をしたことがある人です。

「何ですか、それ」

「現在、中国はフランスのアレバの最新型原子炉をマカオの西約百四十キロの台山に建設しようとしています。そして、それを世界に売り出そうとしているのです。すぐに資料を送ります。コメントをよろしくお願いします」

この原発は「第三世代」とも呼ばれる「欧州加圧水型炉（ＥＰＲ）」で、出力は百六十～百七十万ｋＷです。

「原子力発電所は原子炉本体に加え、熱交換器、タービン、冷却機器、原子炉建屋などの複雑な組み合わせでできています。つまり、原子炉部分だけで動いているわけじゃありません。原子炉で発生した熱でタービンを回して電気を作る。それを送電線を使って必要な場所に送る。そのためには熟練した運転員も必要です。長い時間と経験が必要です。さらに、原子炉を動かすためには、安定した外部電力も必要です。福島の事故は全電源喪失《そうしつ》によって起きました。中国は停電も多いと聞きます。原発は原子力技術＋周辺技術＋熟練した運転員がそろって安全な運転ができるのです」

僕はなんとも、漠然とした答えをしました。

そして出た記事は『中国・台山「超巨大原発」の暴走建設で世界崩壊⁉』（『週刊プレイボーイ』二〇一四年七月二十一日号）です。記事の中には、「早くもトルコ、パキスタン、南米、アフリカなどへのEPRの売り込みに力を入れている」といった記述もありました。

当時、原発の売り込みに最も力を入れているのはロシアと韓国でした。それに、中国が加わろうとしているのです。

二〇一一年、多くの死傷者を出した中国新幹線の追突事故があります。事故車両を埋めてしまおうとした行為には世界が仰天しました。

二〇一四年には韓国でも、大型旅客船の沈没で多くの犠牲者を出しました。驚くべきは船長以下、船を運航していた人たちの乗客軽視の無責任な行為でした。その直後には、地下鉄で列車の衝突事故が起きています。過去にも橋の崩壊、百貨店の倒壊など、手抜き工事や無理な改築が原因とされる事故が多発しています。

いずれも人命の軽視が問題となりました。

「ばれなければいいと思っている」「もっとひどいことも起こっている」「これが常識」、組織内部からのこういう言葉を聞くと、やはり恐ろしくなります。

安全に対して大きな疑問のある二つの国が、世界に売り出そうとしているもの、それが原子力発電所です。

世界に最近の異常気象をもたらしている偏西風は、西から東に吹いています。だから、中国の黄砂も、旧ソ連と中国の核実験の放射性物質も日本にやって来ました。

数年前から騒がれているＰＭ２・５も同様です。

やはりこれはまずい。

もし、中国が本気で世界初の原発の輸出を考えているようなら、やはり大いに憂慮すべきことです。新幹線は日本の新幹線のコピー、原発はフランス・アレバの最新型原発のコピーです。

技術、特に新技術はトラブルが多く発生します。そういうトラブルを長い時間をかけて取り除き、目的の機能を定常的に発揮できるようにするのです。トライアル・アンド・エラーの時期と技術が必要です。

しかし、原子力に関する限り、この期間は許されません。実用運転をする以上は完全なものが要求されます。

東日本大震災で原発事故が起こり、日本と世界では一時、原発建設の機運は急激に衰えていました。二〇一五年三月の時点で日本の稼働原発はゼロです。

しかし世界はすでに進み始めています。福島の事故を起こした日本は、その失敗を胸に世界にどう貢献すべきでしょうか。

原発事故の恐ろしさは、国境を越えて広がることです。

現在、原子力発電所の世界基準というものは聞いたことがありません。

取り返しのつかない事故を起こした日本に、ぜひそれを提唱して実現してもらいたいものです。

❸新しい学問体系を構築して後継者の育成を

「高度で複雑な問題を可視化し、多視点で捉えて解決していく、それが『システムデザイン・マネジメント（ＳＤＭ）』の考え方です。システムデザインとは、システムを取り巻く環境、利用者、社会等広い範囲の要因を考慮した上で、将来にわたる予測を含めて技術・社会システムの目的、機能、構築・運営、廃棄に至るライフサイクル全般を考え、総合的にバランスをとり、具体的な姿にすることです」

数年前、慶應義塾大学大学院、システムデザイン・マネジメント研究科で講演をしたことがあります。

冒頭の文章は、この研究科のサイトの抜粋です。

次に、「航空宇宙機器や軍事システムなどの大規模システムを、多数のスタッフにより着実なステップを踏みながら作りあげることを目的として発展してきました。その後、都市、経営、医療、インターネットなどにも応用され、社会領域も取り扱うようになりました」と続いていきます。

失礼ながら、僕はこの学科がどういうものであるか知りませんでした。

僕が話したのは、やはり原子力関係の話です。

小説家のいかにもドンブリ勘定の大まかな話ですが、その中に「原子力に関する新しい学問体系の構築」という項目があります。

その、新しい学問体系というのが、まさにこの研究科の目指すものと一致していました。

技術が大型化し、複雑化した今日では、一つの専門で一つの学問を網羅《もうら》することはできません。複数の専門がどこかで重なり合っており、全体をデザインし、マネジメントする学問が必要です。

原子力工学は、原子力の研究、開発、利用に関連する総合的な学問です。具体的には、原子炉の構造、設計、建設、運転、さらに核燃料、原子炉材料などを研究開発する工学です。今までは大学の原子力工学科はこうした分野を中心に学んできました。

原子力発電所にはこれらが対象としている技術や機械に加えて、タービンや熱交換器などの周辺機器があります。

機械、電気、材料、化学などの工学、原子物理、放射線などの理学、様々な分野の学問が含まれます。さらに、社会に及ぼす影響というファクターが加わります。それなのに、原子炉本体や燃料ばかりに重点が置かれすぎたのではないでしょうか。

福島の事故で、それだけでは成り立たないことが明らかになりました。

周辺機器はもちろん、建築、土木、そして地質学、医学、地震や津波に関する学問までが主要領域として必要だということになったのです。

そしてさらに、そこで働く人たちの心理状態をケアする心理学、テロや事故時の危機管理も必要になります。

事故時の住民の避難、健康や心のケア対策、補償も重要項目となってきます。

特に最近は、活断層の評価のために、地質学者が既成の原発の存続を左右する発言を繰り返しています。

原子力発電所の建設、運転は、様々な学問分野の集合体なのです。

もちろん事故を起こさないことが最重要課題ですが、万が一事故が起こっても被害を最小限にとどめる方法をあらかじめ考慮しておくことがいかに重要かが分かりました。

安全に対する考え方、工学、理学、医学、心理学、地質学、経済学、法学、厖大《ぼうだい》な学問領域を含んだものが「原子力工学」であったのです。福島の事故を踏まえて、もう一度考えるべきことです。

同時に重要なのは、原子力関係の技術者の養成です。

僕の友だちには大学教授が多数います。彼らが異口同音《いくどうおん》に言うのは、原子力を志望する学生が少なくなったということです。今後、廃炉を含めてますます多くの人材が必要となります。このままでは、福島第一原発の処理という重要で貴重な経験を、日本国内や世界に伝えていく人たちがいなくなってしまいます。

日本が原発から撤退しても、世界ではどんどん原発ができるでしょう。それに対して日本が関係しないほうが、僕はむしろ無責任で怖いと思います。やはりもっと長い目で、世界レベルで物事を考えていく責任が日本にはあります。

事故から四年がたち、様々な事故調査報告が出ました。どれも専門家が詳細に検証していますが、大局的な見方に欠けるように思えます。

現実的な問題としても、原発を含めて福島の状況を一括して管理する組織すら立ち上がっていません。研究機関、大学、民間がバラバラに動いているように見えます。

僕ら外部の者の知らないところでできているのかもしれませんが、聞いたことはありません。

この際、日本は腹をくくり、これだけ大きな事故を引き起こした責任として、福島に世界の原発の技術、情報、研究・開発センター的なものを作ったらどうでしょうか。当然、日本だけでなく世界の英知を結集したものです。

そうでなければ日本国民、さらに世界は納得しないでしょう。

こうしたなか、日本に求められるものは多いのではないでしょうか。

僕たちに大切なことは、未来に向けての科学技術の芽をつみ取らないことです。そして、常に立ち止まって過去と現在と未来を見直すことだと信じます。

第5章 そして再稼働へ

(1) なぜ再稼働は困難なのか

❶「絶対に安全」な技術などありえない

二〇一二年、大飯《おおい》原子力発電所（福井県）の再稼働のとき、多くのマスコミからインタビューを受けました。

稼働の是非を問うものから、福島事故の教訓は何で、それは生かされているか、というものもありました。

それまでまかり通ってきた「安全神話」が大ウソだと分かっただけでも教訓は大きい、と答えたのを覚えています。

技術に「絶対に安全」などありえません。その言葉のために、「次のステップ」がすべて軽視されてきたのです。

「全電源喪失《そうしつ》」も事故の前年の国会で議題にのぼったようですが、十分に議論されることはありませんでした。

「原発事故用のロボット」も、開発したにもかかわらず廃棄に近い状態でした。「事故時の住民避難」「ＳＰＥＥＤＩ（緊急時迅速放射能影響予測ネットワークシステム）の運用」なども真剣に考えられることはありませんでした。ＳＰＥＥＤＩの情報がただちに公表されていれば、避難ももっと効果的なものになったかもしれません。

さて、全国の原発を再稼働させるべきかどうか、という質問には、「電力不足を理由に稼働させる、させない、などという議論はやめるべきです。純粋に科学的に、技術的に安全が確認できた原子炉は稼働させればいい。また、その確認ができなければ、どんなに電気が必要でも稼働はやめるべきです」と、まったく当たり前の答えをしました。

問題は、その「安全確認」なのですが、これは専門家の領域です。再稼働賛成にしろ、反対にしろ、素人がとやかく言うべきではないと思います。

しかし、ここで大きな問題が生じます。「絶対に安全」という言葉がありえないように、「絶対に事故が起こらない」ということを証明することなど、誰にもできないのです。一万年に一度の巨大地震、惑星衝突、航空機の墜落、さらにはテロなど持ち出されると何も言えません。さらに、東日本大震災のように想定外のことも起こりうるのです。

大飯原発では、ベント設備や免震棟がまだ完備されていないことが問題になっていましたが、これらが必要になるのは、事故が起こってからです。

現実的に考えると、ストレステストなどというよく分からないものをやるよりは、福島第一原発の事故原因をより明白にして、その対策をしっかり取ることが最重要課題でしょう。

しかし、どう言い訳しようと、「でも、福島第一原発では三基の原子炉がメルトダウンという過酷事故を起こしたでしょう」と言われると、まったく反論できないのです。

❷震災後に負担した代替燃料費は九兆二千億円に

従来、定期点検などで停止した原子炉を再稼働させるには、原子力安全・保安院による検査を受けて安全を確認した後、電力会社の判断で営業運転を開始するというプロセスが取られてきました。

また実際には再稼働を国が法令に基づいて認めたとしても、地元自治体と電力会社が結んでいる協定に基づき、自治体の事前了解がなければ再稼働はできません。

しかし東日本大震災以降は、ヨーロッパを参考にした安全評価（ストレステスト）を実施し、その結果を原子力安全・保安院が確認して、さらに原子力安全委員会が妥当か否かを判断するというプロセスに変更されました。

この後、原子力安全・保安院、原子力安全委員会は組織変更により消滅し、原子力規制委員会へと統合されています。

現在、日本では稼働原発ゼロという状況が続いています。一時的に動いた原子炉はあったものの二〇一三年には停止し、現在すべての原子炉が再稼働に至っていません。

これまでの経緯を時系列に並べてみると、なぜ再稼働が困難なのかが見えてきます。

〈二〇一一年〉

三月十一日　東日本大震災発生。東京電力・福島第一原発で事故が起こる。

五月　菅直人首相（当時）の要請により、中部電力・浜岡原発が停止。

七月　枝野幸男官房長官（当時）の覚え書き「我が国原子力発電所の安全性の確認について」が公表され、各電力会社に自主的なストレステスト実施が要請される。

〈二〇一二年〉

六月　法改正により、原子力安全・保安院が解体され、原子力規制委員会の設置が決定される。

九月　原子力規制委員会の発足。新安全基準の適用実施を表明。

〈二〇一三年〉

三月　野田佳彦首相（当時）が、電力不足対策として関西電力・大飯原発の稼働を表明。

七月　原子力規制委員会が新規制基準を公表。以後、委員会は審査を「適合性審査」と呼び、「再稼働の審査ではない」ことを強調する。

〈二〇一四年〉

七月　原子力規制委員会は、九州電力・川内《せんだい》原発の審査書案を了承（審査書類は三万六千枚に及ぶ)。

十月　原子力規制庁、川内原発の地元で説明会を五回実施。川内市議会が同意決議を採択。

十一月　鹿児島県議会、川内原発の再稼働同意決議を採択。

九州電力には、川内、玄海(佐賀県)と二つの原発があります。

これらを停止させることで生じる代替燃料費は、月に五百億円あまりだそうです。そして原発再稼働を目指し、川内市を中心に一万千百戸への戸別訪問、震災以降で四百四十回の住民説明会を行なっているといいます。川内市と鹿児島県が再稼働を了承したということは、これで自治体の了解は取れたということでしょう。二〇一五年に入り、川内原発は原子力規制委員会の審査を待っている状態です。

二〇一四年、小渕優子経済産業大臣(当時)は「再稼働は事業者が決断するもの」という見方を示しています。これに対し、東京電力側は「再稼働は国が決めること」と明言しています。お互いに最終的な責任は取りたくないのでしょう。

二〇一一年から二〇一四年にかけて原子力が停止したため、代替燃料費は九兆二千億円に達しました。

原発は稼働していなくても、保守管理の費用が必要です。年間一兆二千億円とも聞いています。これも電力料金として、いつの間にか国民が払っているのです。

原発の稼働、停止、廃炉には明確なルールの確立が必要です。誰も責任を取らず、ムダな出費だけが膨らんでいくことを許す余裕は、もはや日本にはないはずです。

さて、最後に一つ。現在行なわれている活断層問題は、あまり現実的な議論ではない気がします。

原発の「耐震設計審査指針」では、安全上重要な施設を活断層上に設置することを認めていません。しかし、この活断層の定義は、「十三〜十二万年前まで活動しており、将来も活動する可能性のある断層」となっています。

しかし原発に関する限り、四十年間の稼働期間中に大きな地震が起こらなければいいわけで、地質学者より地震学者の出番のような気がします。原発に関係ある活断層については、地質学者と地震学者に、四十年以内に動く可能性があるかどうかを議論してもらうのも面白いと思います。

❸七十億人の中の一億三千万人であるという意識を

福島第一原発の深刻な事故が起こるまでとその後とでは、原発の規制行政を実施する体制が変わりました。

そもそもは一九五六年に、アメリカのＡＣＲＳ（原子炉安全諮問委員会）をモデルとした特殊な諮問機関とする、原子力委員会が内閣府に設置されたのが始まりです。この方式はフランス（ＧＰＲ＝原子炉専門委員会）、ドイツ（ＲＳＫ＝原子力安全委員会）でも採られています。

次いで一九七八年、原発の推進と規制を分離するため、やはり内閣府に原子力安全委員会が新設されました。しかしこれらはあくまで審議会であり、業者に対して直接規制することができません。委員会にできるのは、行政庁が行う安全規制をチェックすることだけです。その行政庁は、科学技術庁原子力安全局、通商産業省環境立地局、資源エネルギー庁（いずれも当時の名称）で、それぞれがチェックを行うとされました。

これらは二〇〇一年の省庁再編に伴い、原子力安全・保安院という経済産業省の一機関へと統合されることになります。ただし、試験研究用原子炉については文部科学省へと承継されました。

そして二〇一一年三月に東日本大震災が発生します。

福島第一原発は重大な事故を起こしました。しかしこのとき、同じく東北地方の太平洋側には五つの原発が存在しました。その中で、どうして福島第一だけがあのような事態に陥ってしまったのでしょうか。

原因を探る議論の中で、原子力行政の問題が挙げられました。推進と規制を分離したといっても、結局はどちらも経済産業省の人間が省内の人事異動として漫然と往復しているだけであること、そして省の退職者が電力会社に天下りし、規制機関に干渉するということから正しく機能していなかったと考えられることなどです。また縦割りの弊害も指摘されました。

国会事故調査報告書では、二〇〇九年に資源エネルギー庁の総合資源エネルギー調査会の専門家会合にて貞観《じょうがん》地震（八六九年五月二十六日）における東北地方太平洋岸への津波が指摘されていたにもかかわらず、保安院は何ら対策を取らなかったことが記されています。

また、全電源喪失の問題についても、一九九二年に原子力安全委員会の中の原子力施設事故・故障分析評価検討会が取り上げています。しかし検討会は、対策が不要であるという回答書を電力側に依頼し、それをそのまま報告書としてまとめています。これは完全な規制側と業界との癒着《ゆちゃく》です。

それらの反省から、二〇一二年に関係機関を統合した「原子力規制委員会」、そして事務局として「原子力規制庁」が発足しました。

原子力規制委員会は環境省の外局として、公正取引委員会などと同じ独立性を持った「三条委員会（国家行政組織法第三条に基づく意）」となっています。

原子力規制委員会設置法は、その第四条で以下を行うよう要求しています。

1. 原子力利用における安全の確保に関すること。
2. 原子力に係る製錬、加工、貯蔵、再処理及び廃棄の事業並びに原子炉に関する規制その他これらに関する安全の確保に関すること。

3. 核原料物質及び核燃料物質の使用に関する規制その他これらに関する安全の確保に関すること。

4. 国際約束に基づく保障措置の実施のための規制その他の原子力の平和的利用の確保のための規制に関すること。

5. 放射線による障害の防止に関すること。

6. 放射性物質又は放射線の水準の監視及び測定に関する基本的な方針の策定及び推進並びに関係行政機関の経費の配分計画に関すること。

7. 放射能水準の把握のための監視及び測定に関すること。

8. 原子力利用における安全の確保に関する研究者及び技術者の養成及び訓練（大学における教育及び研究に係るものを除く）に関すること。

9. 核燃料物質その他の放射性物質の防護に関する関係行政機関の事務の調整に関すること。

10. 原子炉の運転等（原子力損害の賠償に関する法律（昭和三十六年法律第147号）第

二条第一項に規定する原子炉の運転等をいう）に起因する事故（以下、「原子力事故」という）の原因及び原子力事故により発生した被害の原因を究明するための調査に関すること。

11. 所掌事務に係る国際協力に関すること。

12. 前各号に掲げる事務を行うため必要な調査及び研究を行うこと。

13. 前各号に掲げるもののほか、法律（法律に基づく命令を含む）に基づき、原子力規制委員会に属させられた事務に関すること。

原子力規制委員会の発足から二年あまりが経過しましたが、短期間に新しい規制基準を作成し、安全審査を再開していることは一定の評価ができると思います。また委員には電力会社の役職員はなれないことや、原発推進に関わる行政組織への配置転換を禁ずるルールがあること、また「国民の疑惑を招くような再就職を規制する」ことで天下りへの規制もなされていることも、これまでの「お役所」とは違う注目すべき点でしょう。

ただしこれで、問題をすべて解消したとは言い切れません。

原子力規制委員会は、アメリカでいえばNRC（Nuclear Regulatory Commission＝アメリカ合衆国原子力規制委員会）に相当します。しかしアメリカでは、事務局である運営部門の職員が、委員と接触することさえ明確に禁止されています。顔を合わせるのは公開の議論の場のみであり、事前の根回しはできません。また委員の職務は最終的な裁定であり、許認可の意見聴取や資料検証、職員管理は行いません。

対する日本の原子力規制委員会と原子力規制庁の関係は、そこまでの透明性は確保できていないと言わざるをえません。

委員にはそれぞれの担当分野が割り当てられ、検討過程にも関与しつつ、実質的に規制庁を直接指揮する形になっています。これは委員の責任が明確とは言えますが、逆に言えば、規制庁の責任は低下する可能性が高いと考えられます。規制庁長官に至っては、何のためにいるのか分からなくなってくるでしょう。委員個人の独走を許す可能性も高く、当然、内部監査など期待できないと言えるのではないでしょうか。

エネルギーは、いわば連立方程式の一つの解です。

経済、産業、人々の生活、地球環境、資源、政治など、様々な要素が複雑にからみ合っています。これらを解にした連立方程式なのです。

その式の一つの係数が変わると、すべての解に影響が出る。その影響をうまく修正して答えを出す必要があります。

やはり日本は、世界から期待される国であってほしい。そのためには、七十億人の中の一億三千万人であるということを意識しながら、よりよい解を見つけ出していく必要があるのです。

〈おわりに〉

福島第一原発の直接の事故原因は地震と津波による全電源喪失《そうしつ》ですが、あとわずか安全に対して真摯《しんし》であれば防げたと考えられないでしょうか。

もし、外部電源が一系統でも生きていたら。

もし、電源車が一台あれば。予備電源が山側にあれば。防水対策ができていれば。

福島第一原発を地震による原子炉の「停止」から、津波に遭遇した他の原子炉と同様に「冷温停止」に持っていけたかもしれません。

そうであれば、「あの巨大地震と津波にも耐えた」と、原発の評価はまったく変わっていたでしょう。

過去の大きな原子力事故のほとんどは、「人」による事故でした。

チェルノブイリ（一九八六年）しかり、スリーマイル島（一九七九年）しかり。また、東海村のＪＣＯ臨界事故（一九九九年）も究極の人災でした。

福島第一原発の事故も、「人災である」と言い切る人が大部分です。

そうであれば、原子力技術そのものは、まだ救うべき価値のあるものではないでしょうか。

はなはだ独断的、個人的な考えですが、原子力は続けるべき技術であると信じています。

ややこしい議論は別にして、人類が生存し、生き残っていくための通過点の技術として原子力があると思うからです。

人間が制御できない技術であるとか、神の領域とか、それこそ神がかったことを言う人がいますが、それは人類の進歩を放棄し、進歩の芽をつみ取ることです。

人は第一の火としての石炭、石油の燃焼。第二の火としての電気。そして第三の火としての原子力の利用を始めました。

原子力も、軽水炉から高速増殖炉、そして核融合炉に続くことを望んでいます。

この本では主に、「はじめに」に記した四つのことについて述べました。

もっとデータを調べ、緻密《ちみつ》な考察が必要であることは十分に分かっています。しかし、こうした考えもあることを知って、もっともっと頭がよくて、専門的な知識を持つ人がさらなる考察を加え、人間と原子力との折り合いを見つけてくれると幸いです。

この本がその糸口となりますように願います。

今後、原発の再稼働が次々に問題になります。周辺住民の方の意見が重要なものとなりますが、よりよい選択を望みます。

本書執筆にあたっては、多くの方々の協力を得ました。資料を提供してくださった友人たち、また資料収集、調査など手足となって手伝ってもらった近藤隆己君には多大のお礼を申し上げます。

二〇一五年三月

高嶋哲夫

PHP新書

PHP INTERFACE
http://www.php.co.jp/

高嶋哲夫［たかしま・てつお］

作家。日本推理作家協会、日本文藝家協会、日本文芸家クラブ会員。1949年、岡山県生まれ。慶應義塾大学工学部卒。同大学院修士課程修了。日本原子力研究所（現・日本原子力研究開発機構）研究員を経て、カリフォルニア大学に留学。94年、『メルトダウン』（講談社文庫）で小説現代推理新人賞、99年、『イントゥルーダー』（文春文庫）でサントリーミステリー大賞・読者賞を受賞。そのほかの著書に、『原発クライシス』『TSUNAMI』『M8』（いずれも集英社文庫）、『首都崩壊』（幻冬舎）、『首都感染』『命の遺伝子』（ともに講談社文庫）、『ライジング・ロード』（PHP研究所）など多数。

世界に喰われる日本の原発戦略

（PHP新書981）

二〇一五年五月一日　第一版第一刷

著者――高嶋哲夫
発行者――小林成彦
発行所――株式会社PHP研究所
東京本部――〒102-8331　千代田区一番町21
新書出版部　☎03-3239-6298（編集）
普及一部　☎03-3239-6233（販売）
京都本部――〒601-8411　京都市南区西九条北ノ内町11
組版――有限会社エヴリ・シンク
装幀者――芦澤泰偉＋児崎雅淑
印刷所
製本所――図書印刷株式会社

ISBN978-4-569-82436-9

ＰＨＰ新書刊行にあたって

「繁栄を通じて平和と幸福を」（PEACE and HAPPINESS through PROSPERITY）の願いのもと、ＰＨＰ研究所が創設されて今年で五十周年を迎えます。その歩みは、日本人が先の戦争を乗り越え、並々ならぬ努力を続けて、今日の繁栄を築き上げてきた軌跡に重なります。

しかし、平和で豊かな生活を手にした現在、多くの日本人は、自分が何のために生きているのか、どのように生きていきたいのかを、見失いつつあるように思われます。そして、その間にも、日本国内や世界のみならず地球規模での大きな変化が日々生起し、解決すべき問題となって私たちのもとに押し寄せてきます。

このような時代に人生の確かな価値を見出し、生きる喜びに満ちあふれた社会を実現するために、いま何が求められているのでしょうか。それは、先達が培ってきた知恵を紡ぎ直すこと、その上で自分たち一人一人がおかれた現実と進むべき未来について丹念に考えていくこと以外にはありません。

その営みは、単なる知識に終わらない深い思索へ、そしてよく生きるための哲学への旅でもあります。弊所が創設五十周年を迎えましたのを機に、ＰＨＰ新書を創刊し、この新たな旅を読者と共に歩んでいきたいと思っています。多くの読者の共感と支援を心よりお願いいたします。

一九九六年十月

ＰＨＰ研究所